AF474358

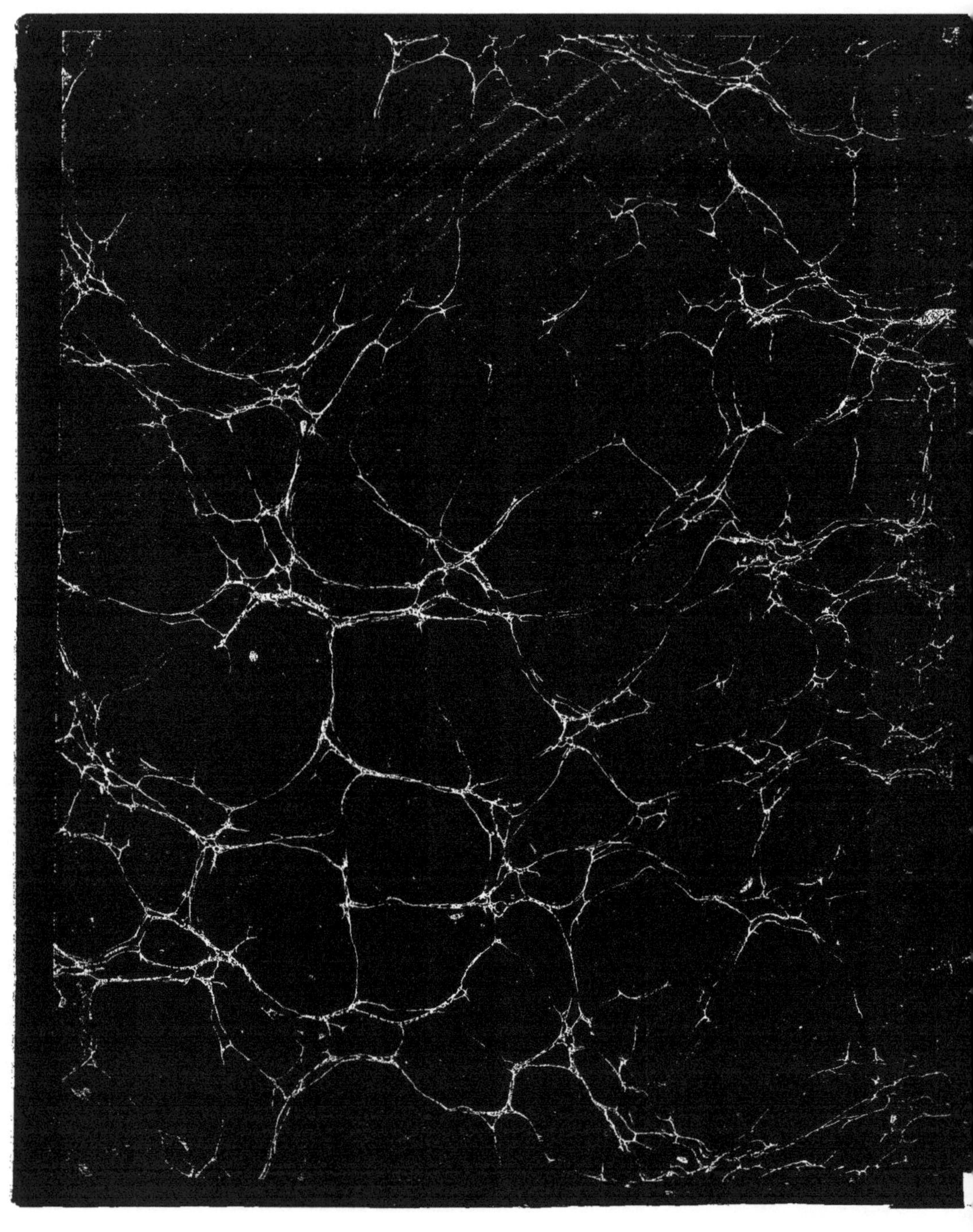

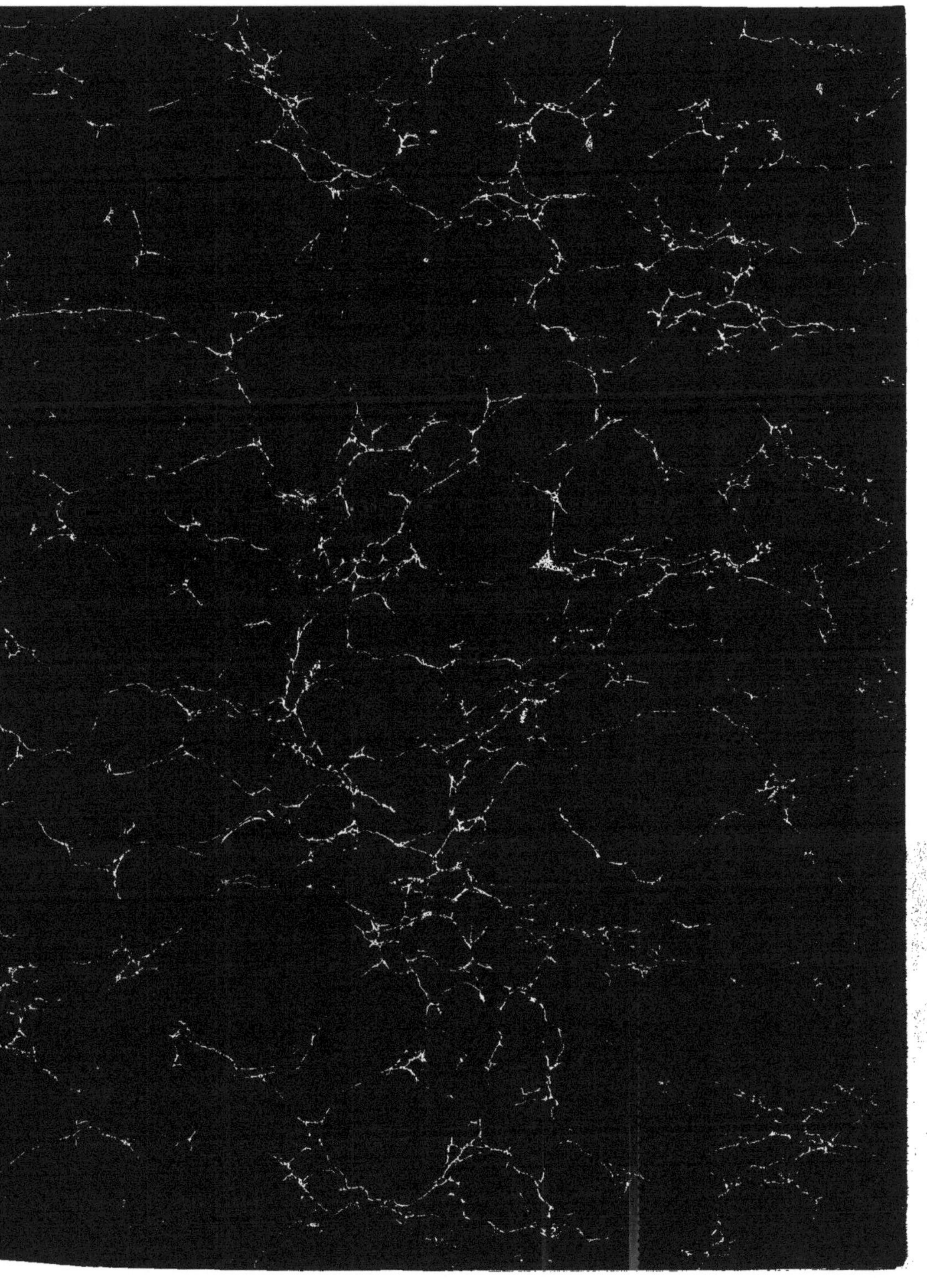

TRAITÉ
THÉORIQUE ET PRATIQUE
DES
MOTEURS A VAPEUR

COMPRENANT PRINCIPALEMENT :

L'ÉTABLISSEMENT DES GÉNÉRATEURS ET DE LEURS APPAREILS DE SURETÉ, LES DIVERS MODES DE DISTRIBUTION, D'APPAREILS ALIMENTAIRES ET DE CONDENSATION
TOUS LES SYSTÈMES DE MACHINES A VAPEUR FIXES, A UN ET DEUX CYLINDRES,
LES LOCOMOBILES ET LES LOCOMOTIVES, LES APPAREILS DE NAVIGATION, LES MACHINES A AIR CHAUD ET A GAZ, ETC.

PAR **ARMENGAUD** AINÉ

INGÉNIEUR, ANCIEN PROFESSEUR AU CONSERVATOIRE IMPÉRIAL DES ARTS-ET-MÉTIERS

ATLAS

PARIS

CHEZ L'AUTEUR, RUE SAINT-SÉBASTIEN, 45

1862

TRAITÉ

THÉORIQUE ET PRATIQUE

DES

MOTEURS A VAPEUR

PAR ARMENGAUD AINÉ

INGÉNIEUR

ANCIEN PROFESSEUR AU CONSERVATOIRE IMPÉRIAL DES ARTS ET MÉTIERS

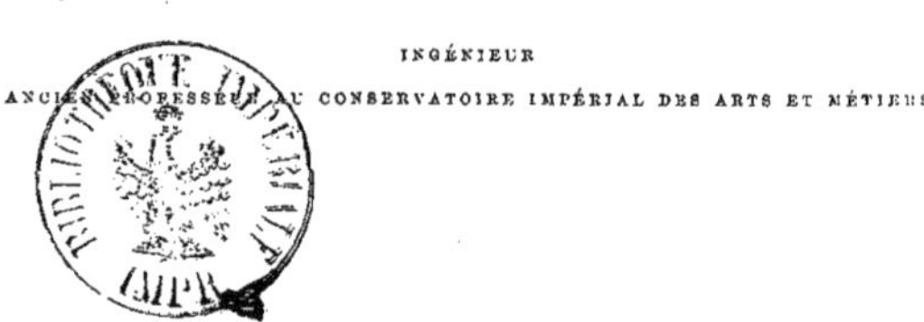

PLANCHES

PARIS

CHEZ L'AUTEUR, RUE SAINT-SÉBASTIEN, 45

Et chez les principaux Libraires de la France et de l'Étranger

M DCCC LXI

TABLE DES PLANCHES

QUI CORRESPONDENT AU TOME PREMIER

PARIS — IMPRIMERIE DE J. CLAYE, 7 RUE SAINT-BENOIT.

TABLE DES

DES MOTEUR

TOME PREMIER

Planches. Pages.

PARIS. — IMPRIMERIE DE J. CLAYE

PLANCHES

RS A VAPEUR

TOME DEUXIÈME

GÉNÉRATEUR CYLINDRIQUE A BOUILLEURS DE 25 MÈTRES DE SURFACE DE CHAUFFE.

DISPOSITIONS DIVERSES DE GÉNÉRATEURS A CORPS CYLINDRIQUES.

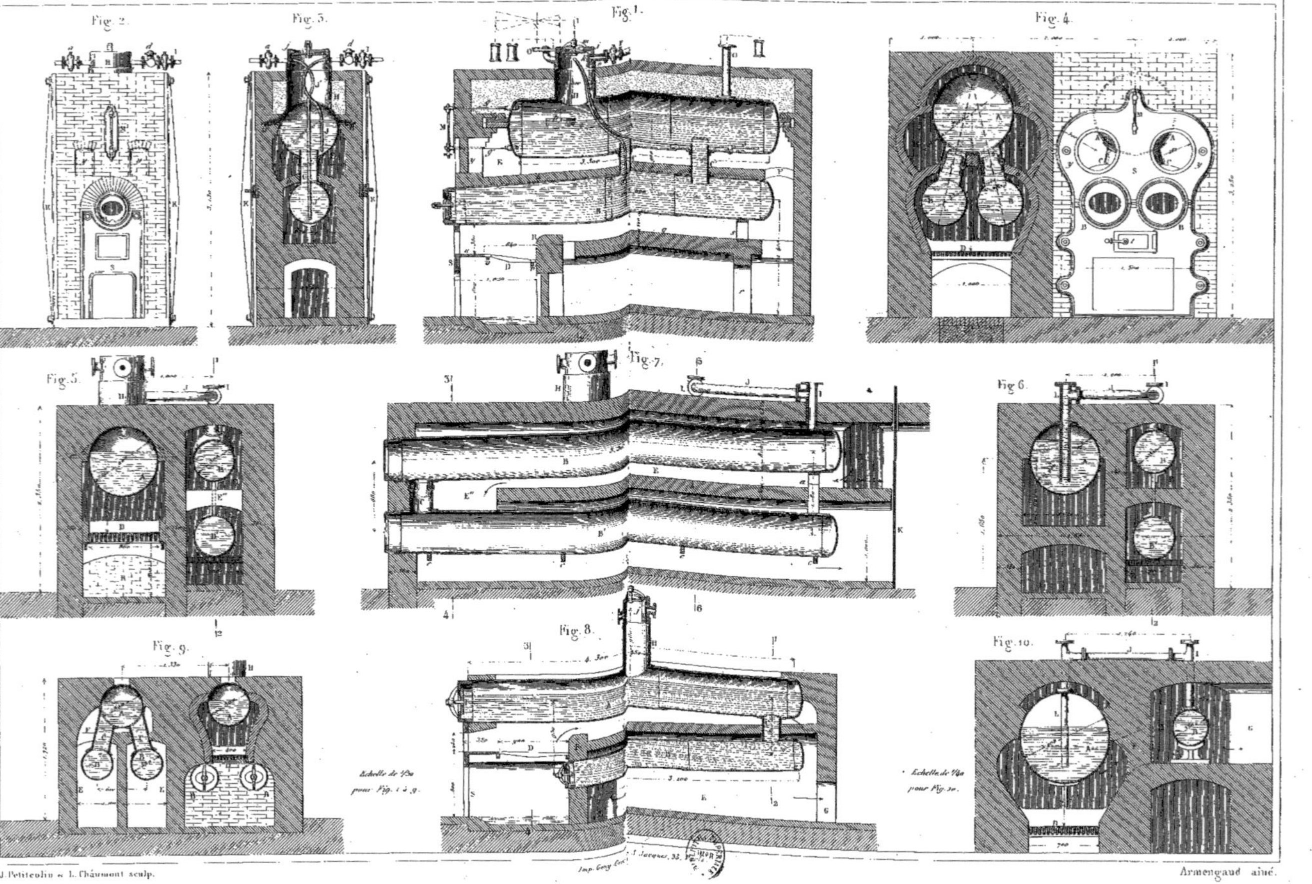

J. Petitcolin et L. Chaumont sculp.

Imp. Geny Gros, r. St Jacques, 35. Paris.

Armengaud ainé.

CHEMINÉES — CHAUDIÈRE VERTICALE APPLIQUÉE A UN FOUR A RÉCHAUFFER.

J. Petitcolin et L. Chaumont sculp.

Armengaud aîné.

GÉNÉRATEURS TUBULAIRES ET A FOYERS INTÉRIEURS.

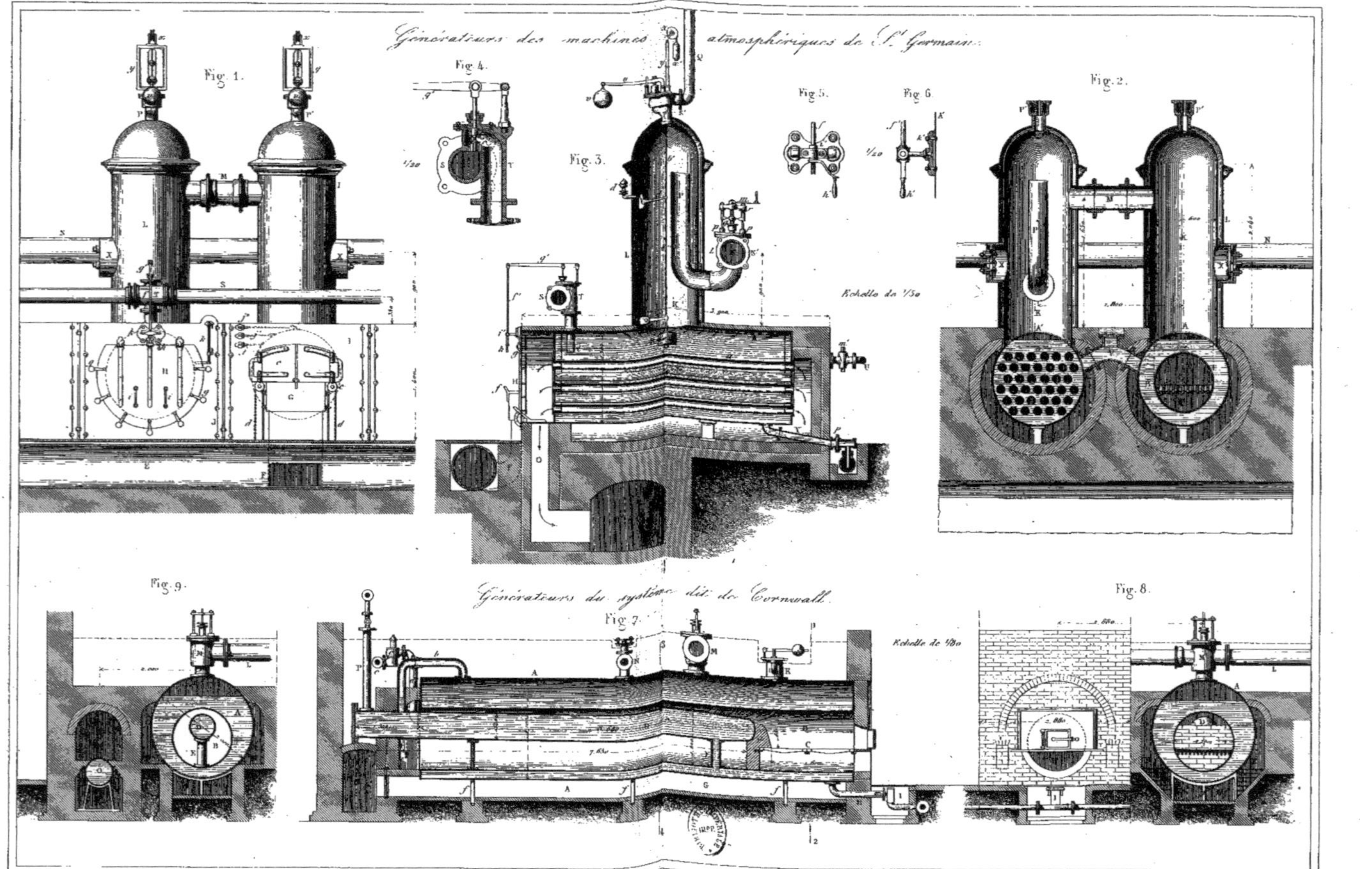

J. Petitcolin et L. Chaumont sculp.

Imp. Geny-Gros, r. St Jacques, 33, Paris.

Armengaud aîné.

GÉNÉRATEUR TUBULAIRE, A VENT FORCÉ, PAR M.M. MOLINOS ET PRONNIER

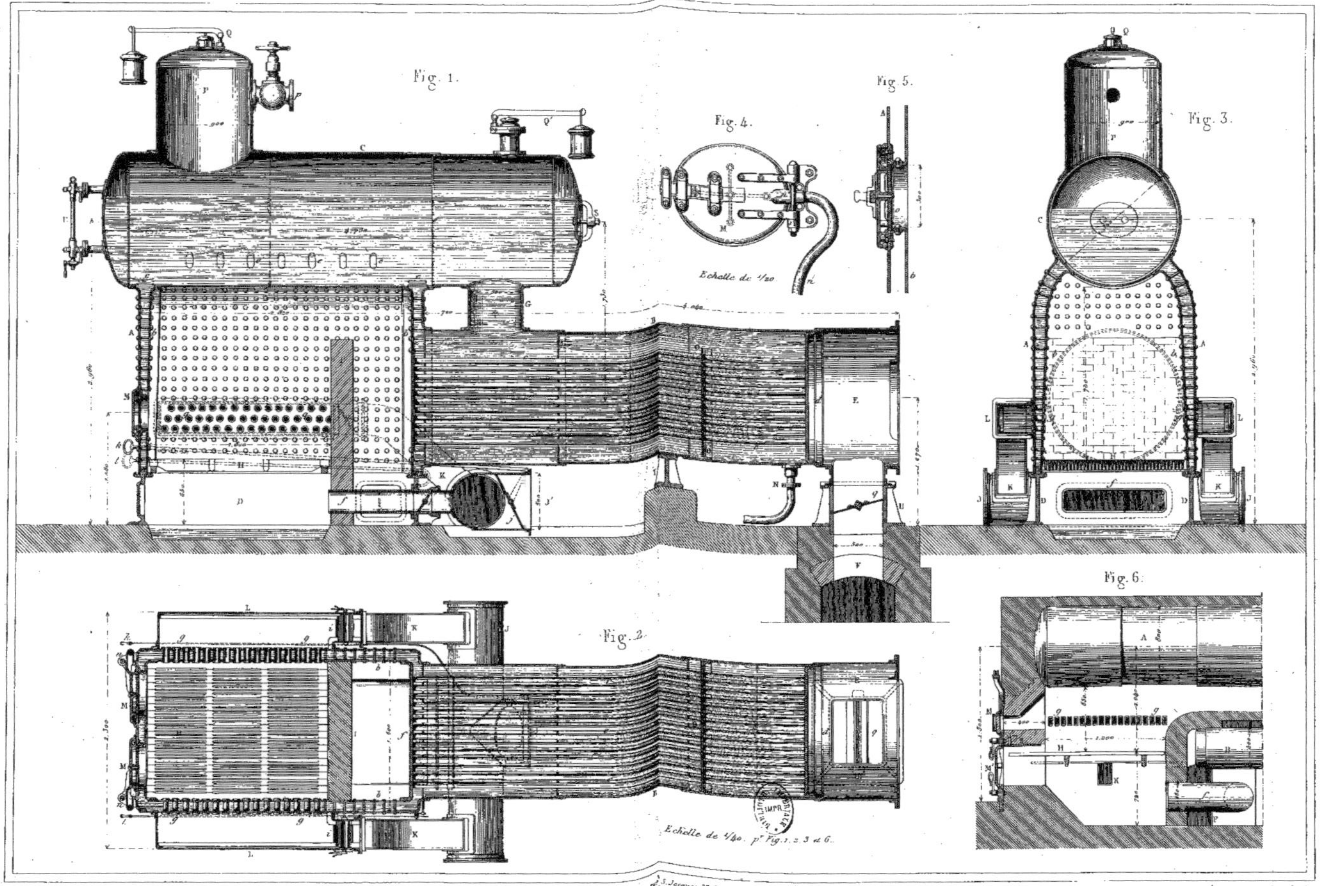
Fig. 1.
Fig. 2.
Fig. 3.
Fig. 4.
Fig. 5.
Fig. 6.
Echelle de 1/20.
Echelle de 1/40. p^r Fig. 1. 2. 3 et 6.

J. Petitcolin et L. Chaumont sculp.

Imp. Geny-Gros, r. S. Jacques, 33, Paris.

Armengaud aîné.

FOYERS FUMIVORES DE DIVERS SYSTÈMES.

J. Petitcolin et L. Chaumont sculp.

Imp. Geny-Gros, rue St Jacques, 33, Paris.

Armengaud aîné.

APPAREILS DE SURETÉ. — MANOMÈTRES — INDICATEURS DE VIDE ET DE TEMPÉRATURE.

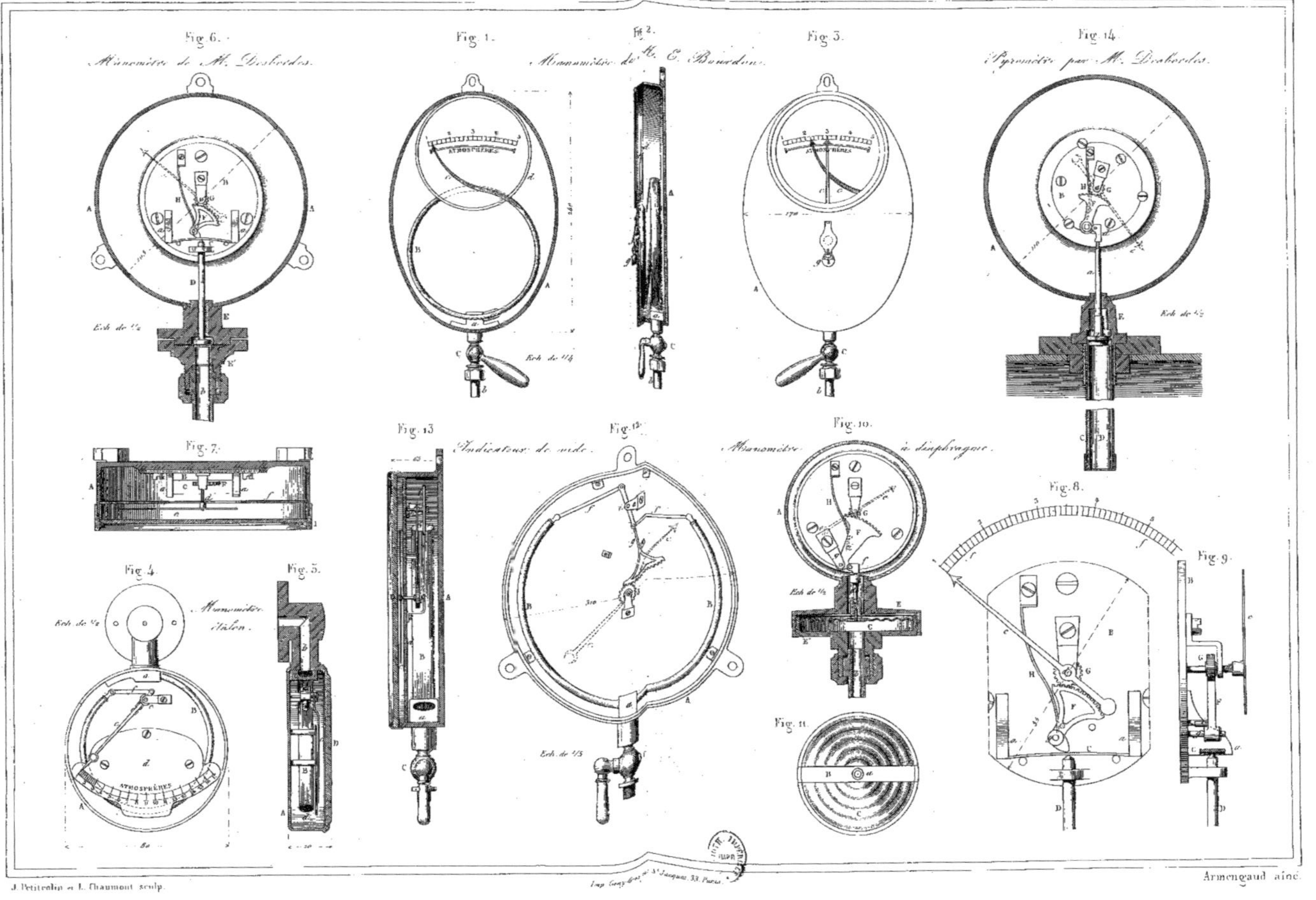

J. Petitcolin et L. Chaumont sculp.

Imp. Geny-Gros, r. St Jacques 33, Paris.

Armengaud aîné.

APPAREILS DE SURETÉ — SOUPAPES, NIVEAUX D'EAU ET FLOTTEURS.

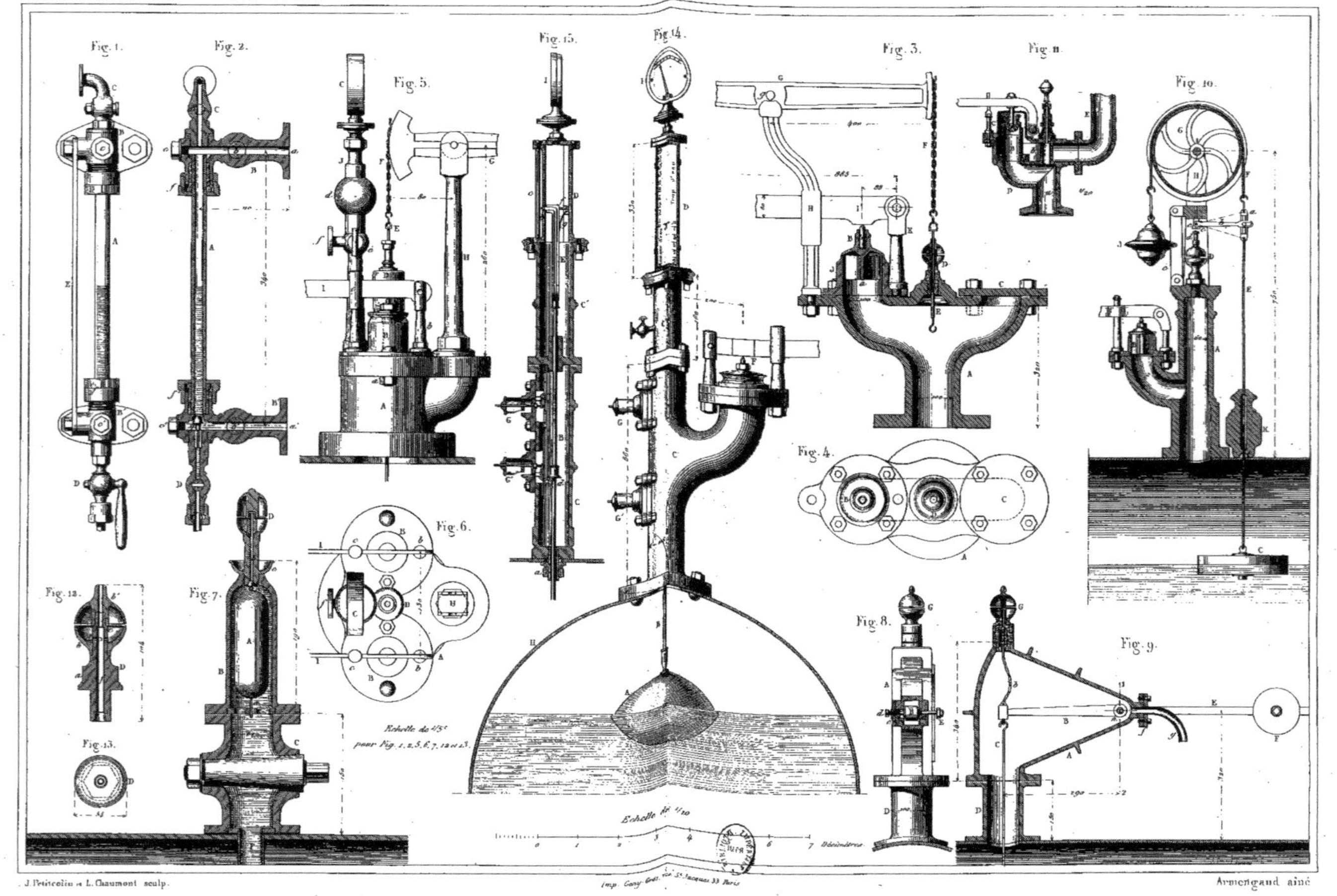

J. Petitcolin et L. Chaumont sculp.

Imp. Gény Gros, rue St. Jacques 33 Paris

Armengaud ainé

DISPOSITIONS GÉNÉRALES D'UN MOTEUR A VAPEUR.

Fig. 1.

Coupe faite suivant l'axe général.

Fig. 5.

Tracé géométrique des mouvements relatifs du piston, de la bielle et de la manivelle.

Fig. 2.

Coupe transversale suivant l'axe 1-2 des canaux d'entrée et de sortie de la vapeur.

Fig. 4.

Mouvement de l'excentrique de distribution.

Echelle de 1/20e

Fig. 3.

Coupe transversale suivant l'axe 3-4 de l'arbre moteur.

J. Petitcolin et L. Chaumont sculp.

Armengaud ainé.

MÉCANISMES DE DISTRIBUTION — TIROIRS SIMPLES.

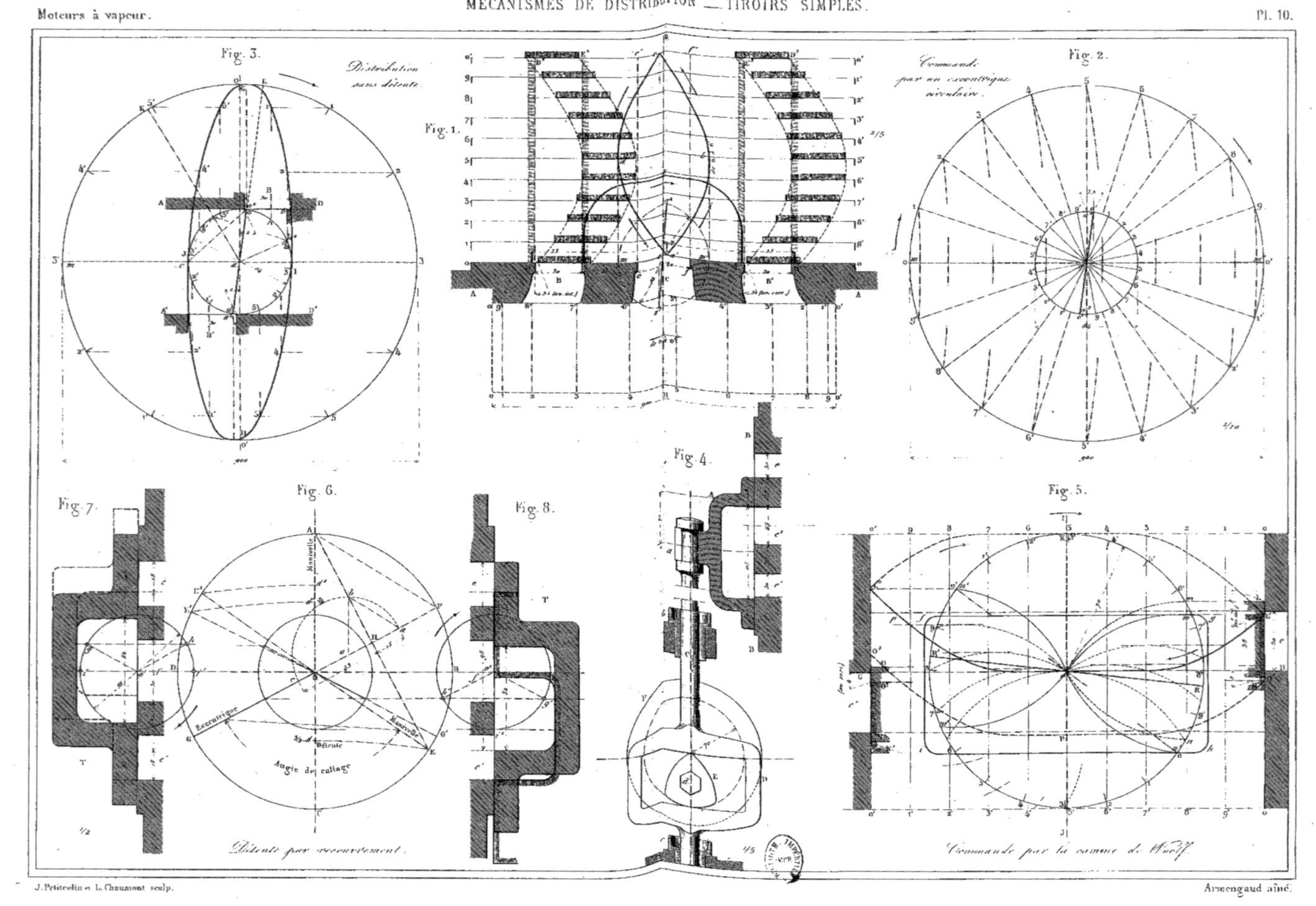

J. Petitcolin et L. Chaumont sculp.
Armengaud aîné.

MÉCANISMES DE DISTRIBUTION _ DÉTENTE PAR DES TIROIRS COMBINÉS.

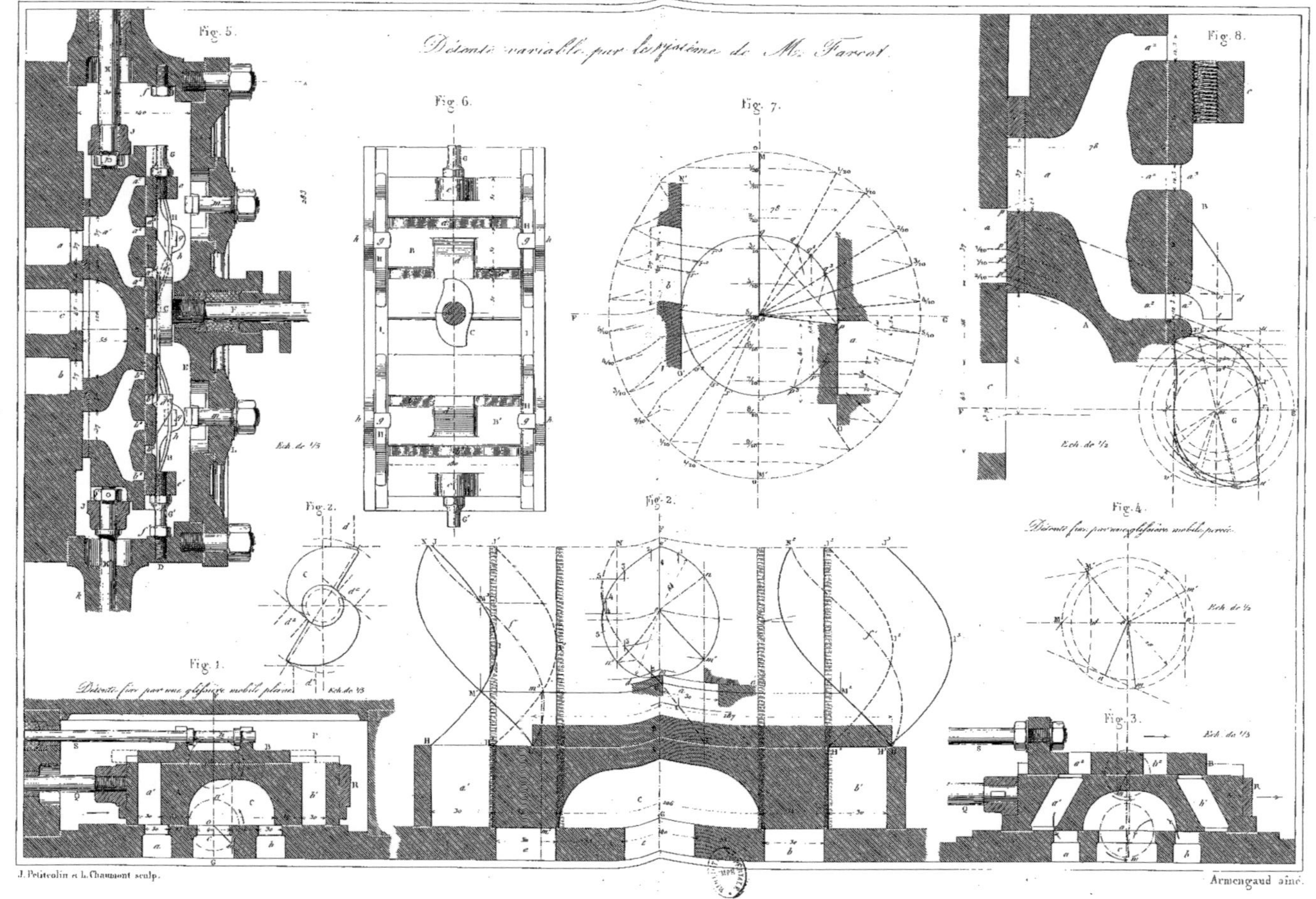

J. Petitcolin et L. Chaumont sculp.

Armengaud aîné.

MÉCANISMES DE DISTRIBUTION __ SYSTÈMES DIVERS DE DÉTENTES VARIABLES __ EMPLOI DES SOUPAPES ÉQUILIBRÉES.

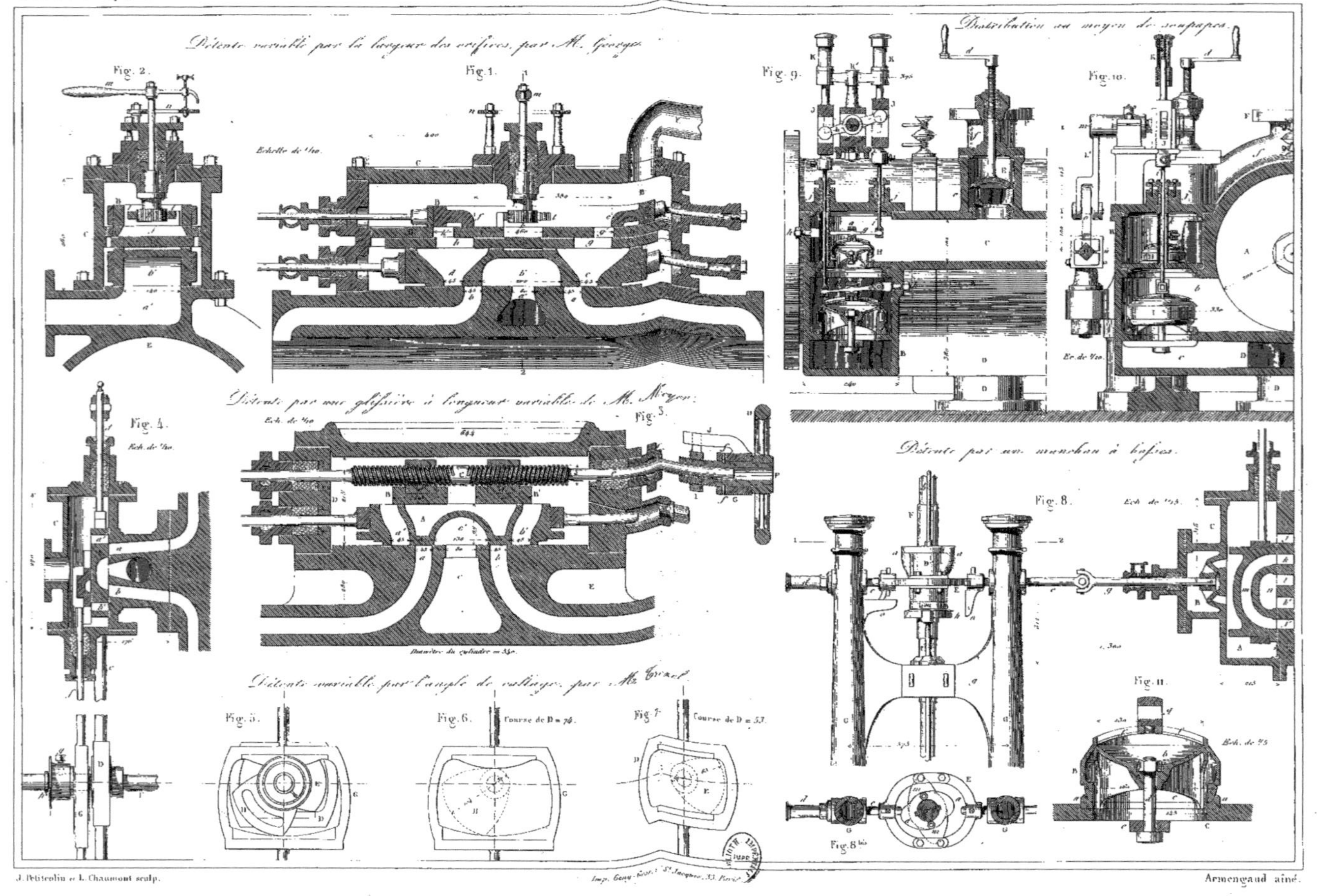

J. Petitcolin et L. Chaumont sculp.

Imp. Geny-Gros, r. St Jacques, 33, Paris.

Armengaud aîné.

Fig. 1. Pompe foulante simple. Ech. de 1/5

Fig. 2.

Fig. 3.

Fig. 4. Pompe dite d'Edwards. Ech. de 1/10

Fig. 7. Pompe à boîtes verticales rapportées. Ech. de 1/15

Fig. 8. Alimentateur des chaudières automoteur à basse pression. Ech. de 1/20

Fig. 6

Fig. 5. Boîtes à clapets rapportées par M. Bourdon. 1/10

Fig. 11. Injecteur automoteur de M. Giffard. Ech. de 1/5

Fig. 9. Pompe alimentaire Lowther. Ech. de 1/10

Fig. 10. Alimentateur automoteur à haute pression. Ech. de 1/20

J. Petitcolin et L. Chaumont sculp. Imp. Geny Gros, r. S. Jacques, 33, Paris. Armengaud aîné

APPAREILS DE CONDENSATION.

Fig. 1. Fig. 2. Fig. 11. Fig. 5. Fig. 3.

Ech. de 1/20

Ech. de 1/20

Fig. 7. Fig. 6. Fig. 8. Fig. 4.

Fig. 9. Fig. 10.

Echelle de 1/5 p^r mèt.

Ech. de 1/10

J. Petitcolin et L. Chaumont sculp.

Imp. Geny-Gros r. St Jacques 31, Paris.

Armengaud aîné

MACHINES A VAPEUR VERTICALES, A MOUVEMENT DIRECT

Fig. 3.

Système à cadre trapézoïdal monté sur tabourets.

Ech. de 1/15

Diam. du piston = 150
Force nomin. = 2 chev.

Fig. 1.

Echelle de 1/20

Fig. 2.

Système à deux colonnes et entablement.

Force nominale = 10 chevaux.

J. Petitcolin et L. Chaumont sculp.

Imp. Geny-Gros r. Jacques

Armengaud aîné.

MACHINES A VAPEUR VERTICALES, A DIRECTRICES ET A PARALLÉLOGRAMME.

Fig. 2.
Montage sur un bâti cintré.

Force nominale = 10 ch.

Ech. de 1/20

Fig. 1.
Direction par un parallélogramme.

Diam. du piston = 290
Force nominale = 8 ch.

Fig. 3.
Montage sur un bâti triangulaire.

Diam. du piston = 200
Force nominale = 4 ch.

J. Petitcolin et L. Chaumont sculp.

Armengaud aîné.

MACHINE VERTICALE, A QUATRE COLONNES, PAR M. FARCOT.

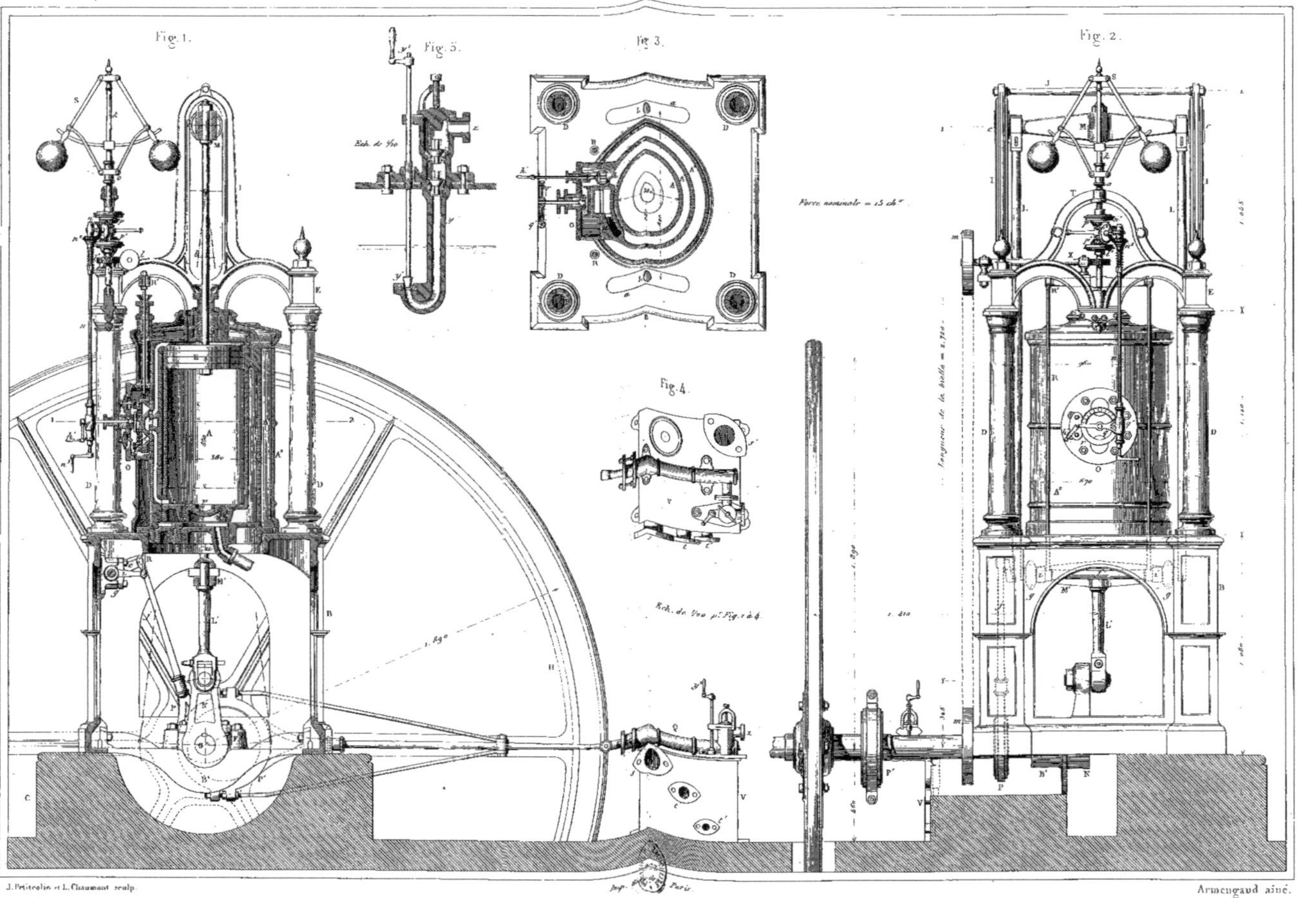

J. Petitcolin et L. Chaumont sculp.

Imp. ... Paris

Armengaud aîné.

MACHINE HORIZONTALE, A DÉTENTE VARIABLE, CONSTRUITE PAR MM. CAIL ET Cie

Fig. 1.

Force nominale .... 8 chevaux.
Vitesse .... 52 tours par 1'
Pression de la vapeur .... 5 atmosphères.
Durée de la détente .... 85/100 de la course.

Fig. 2.

Echelle de 7 centim. pour mètre.

J. Petitcolin et L. Chaumont sculp.

Imp. Geny Gros, à Paris.

Armengaud aîné.

MACHINE HORIZONTALE, A DÉTENTE VARIABLE CONSTRUITE PAR MM. CAIL ET CIE

Fig. 9.

Ech. de 1/5

Fig. 5.

Fig. 3.

Fig. 8.

Fig. 4.

Fig. 6.

Fig. 7.

Echelle de 1/10 pour Fig. 3 à 8.

J. Petitcolin et L. Chaumont sculp.

Imp. Geny-Gros, à Paris.

Armengaud aîné.

MACHINE HORIZONTALE A DÉTENTE VARIABLE ET A CONDENSATION PAR M. E. BOURDON.

Fig. 1.

Force nominale .... = 25 chevaux.
Vitesse de rotation par 1' = 30 tours.
Durée de la détente .... = 0, 8 de la course.
Pression dans le générateur = 3, 5 atmosphères.

Fig. 5.

Fig. 11.

Fig. 10.

1/10

Echelle de 1/25 pour Fig. 1.

Fig. 7.

Fig. 6.

1/10

J. Petitcolin et L. Chaumont sculp.

Imp. Geny-Gros r. S. Jacques, 33. Paris.

Armengaud ainé.

MACHINE HORIZONTALE A DÉTENTE VARIABLE ET A CONDENSATION, PAR M. E. BOURDON.

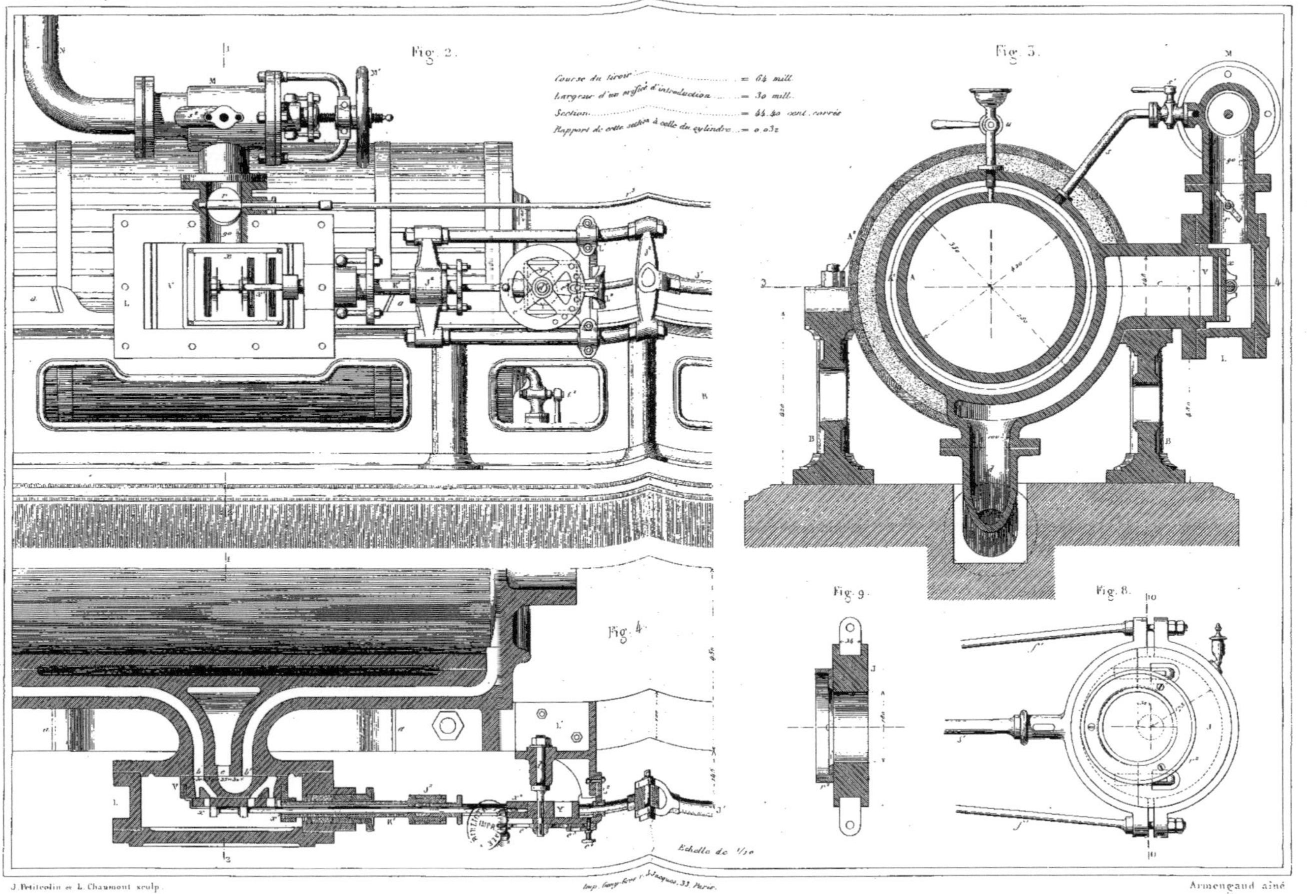

MACHINES HORIZONTALES A DÉTENTE VARIABLE ET A CONDENSATION, PAR M.M. FARCOT.

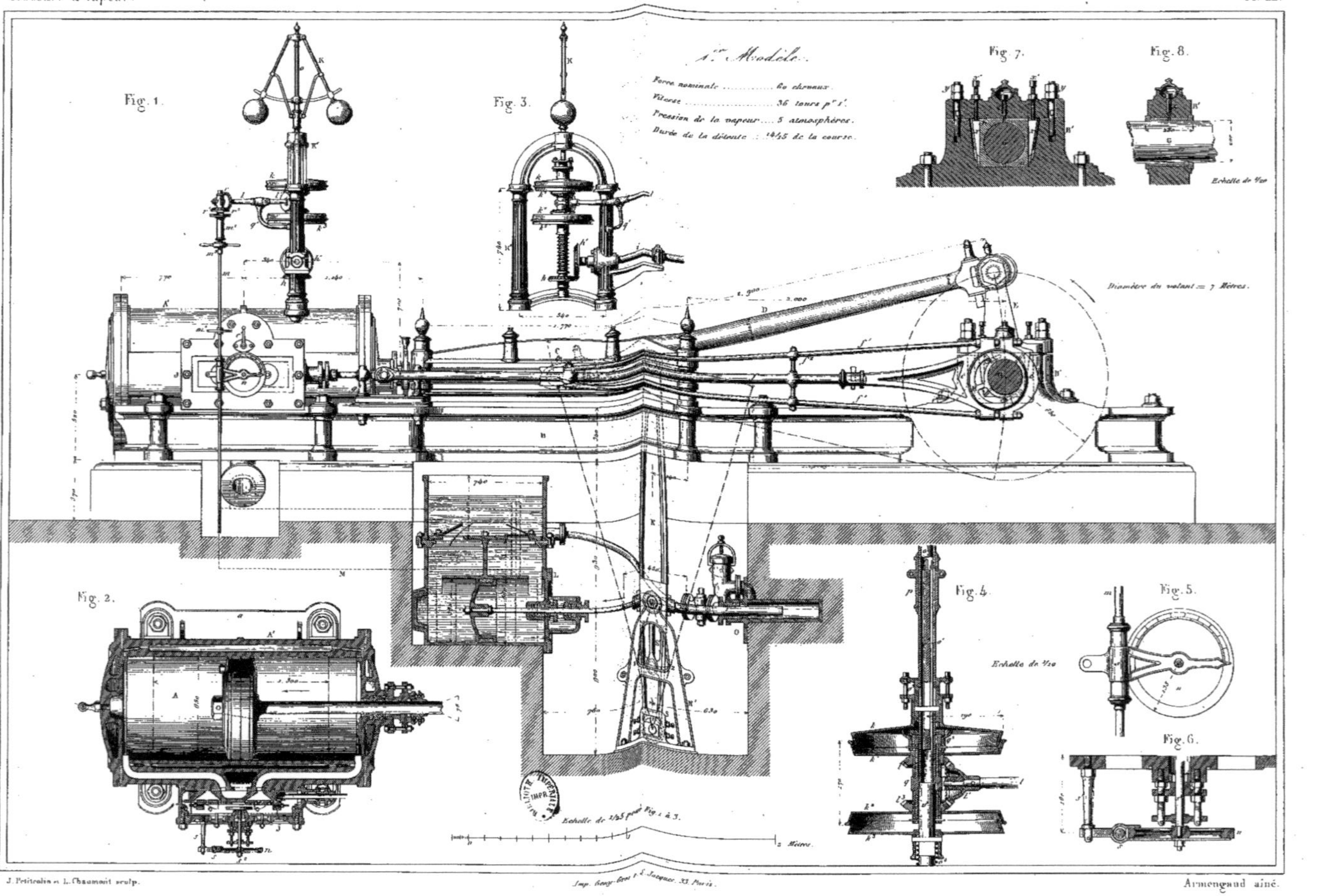

J. Petitcolin et L. Chaumont sculp.

Imp. Geny-Gros r. S.t Jacques. 33. Paris.

Armengaud ainé.

MACHINES HORIZONTALES A DÉTENTE VARIABLE ET A CONDENSATION, PAR M.M. FARCOT.

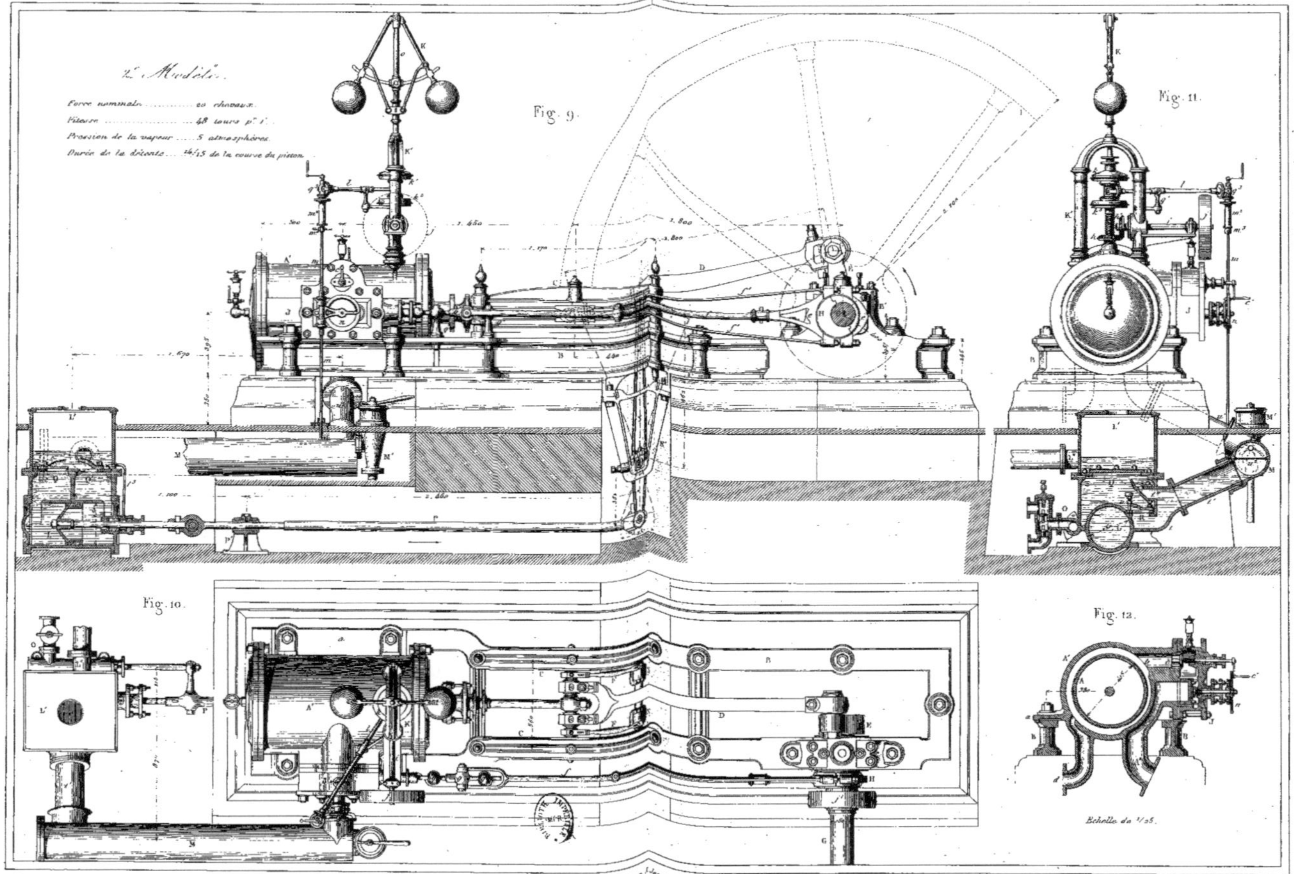
2e Modèle.
Force nominale .... 20 chevaux.
Vitesse .... 48 tours p.r 1'.
Pression de la vapeur ...... 5 atmosphères.
Durée de la détente .... 14/15 de la course du piston.
Fig. 9.
Fig. 10.
Fig. 11.
Fig. 12.
Echelle de 1/25.

J. Petitcolin et L. Chaumont sculp. Imp. Geny-Gros r. S.t Jacques, 33, Paris. Armengaud ainé.

MACHINE HORIZONTALE A DÉTENTE VARIABLE ET A CONDENSATION, PAR M. BRÉVAL.

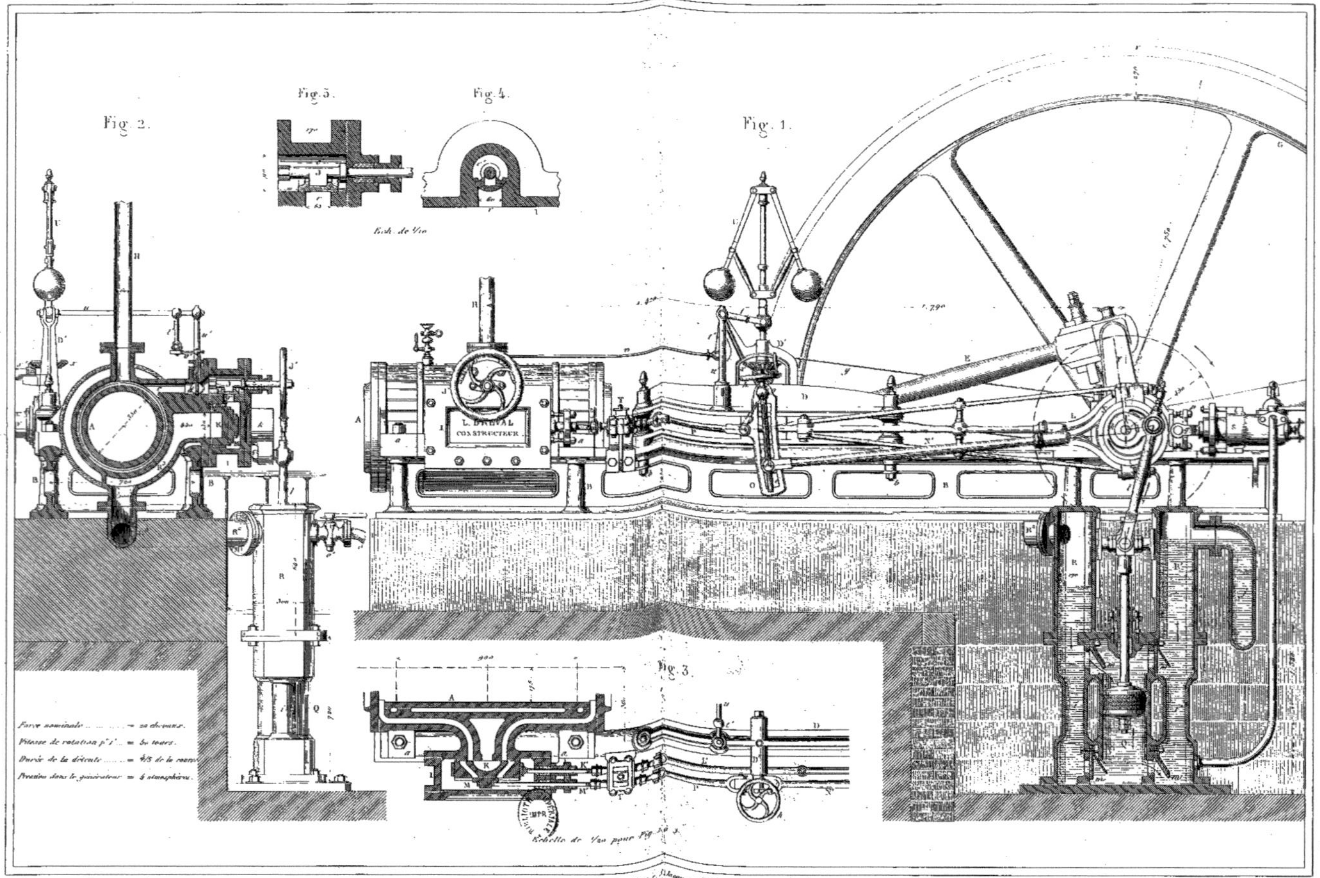

Fig. 2.

Fig. 5.

Fig. 4.

Éch. de 1/10

Fig. 1.

L. BRÉVAL
CONSTRUCTEUR

Fig. 3.

Force nominale .... = 20 chevaux.
Vitesse de rotation p^r 1' ... = 60 tours.
Durée de la détente .... = 4/5 de la course.
Pression dans le générateur = 4 atmosphères.

Échelle de 1/20 pour Fig. 1 à 3.

J. Petitcolin et L. Chaumont sculp. Imp. Geny-Gros r. St Jacques, 33, Paris. Armengaud aîné.

MACHINE HORIZONTALE A DETENTE VARIABLE ET A CONDENSATION, PAR MM. LEGAVRIAN.

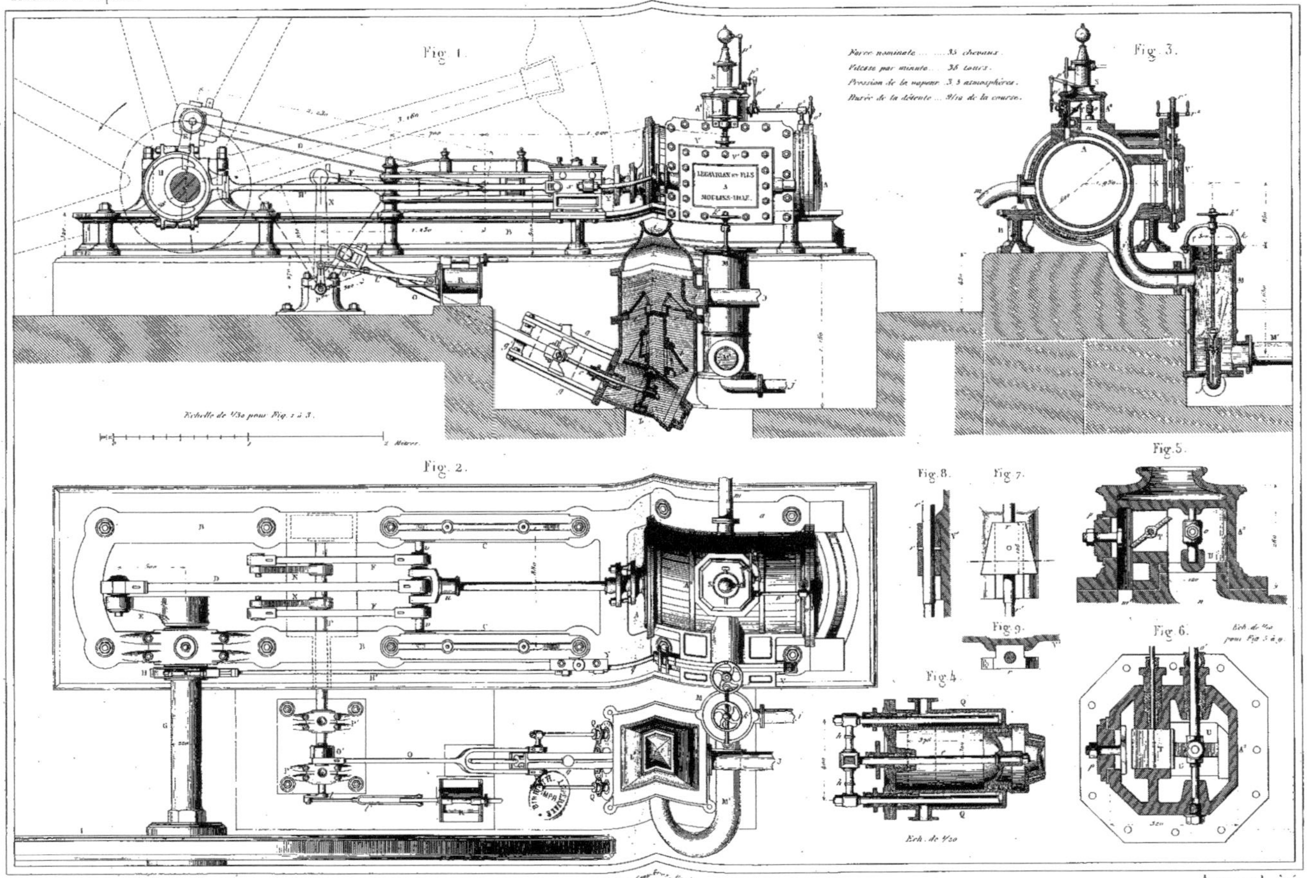

Force nominale .... 35 chevaux.
Vitesse par minute ... 36 tours.
Pression de la vapeur . 3,5 atmosphères.
Durée de la détente ... 9/10 de la course.

Fig. 1.

Fig. 2.

Fig. 3.

Fig. 4.

Fig. 5.

Fig. 6.

Fig. 7.

Fig. 8.

Fig. 9.

Echelle de 1/30 pour Fig. 1 à 3.

Ech. de 1/20

Ech. de 1/10 pour Fig. 5 à 9.

LEGAVRIAN et FILS à MOULINS-LILLE.

J. Petitcolin et L. Chaumont sculp.

Imp. Lemercier, Paris.

Armengaud ainé.

MACHINE A BALANCIER ET A BASSE PRESSION, PAR M.M. HICK ET ROTHWELL.

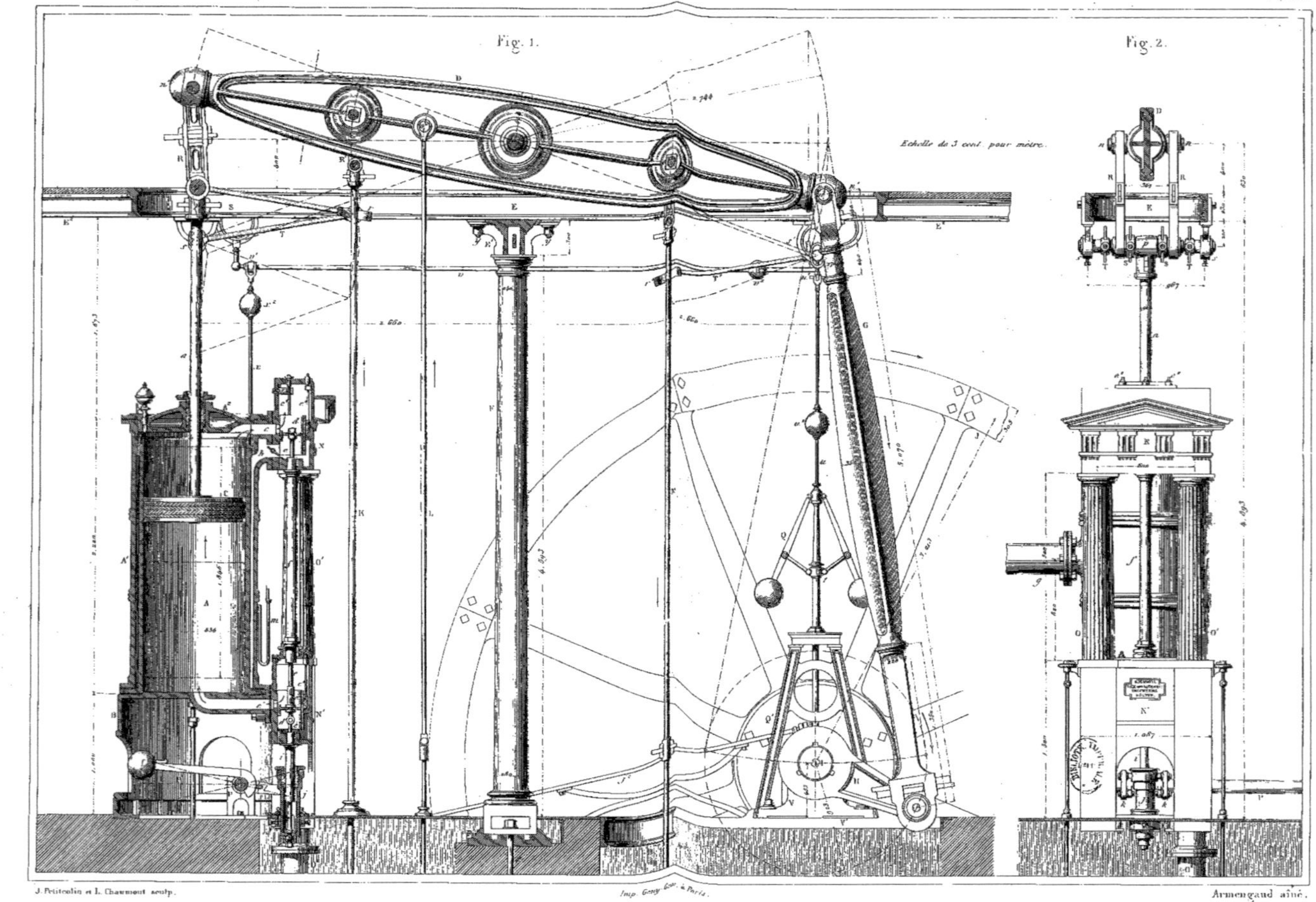

J. Petitcolin et L. Chaumont sculp.

Imp. Geny Gros à Paris.

Armengaud aîné.

MACHINE A BALANCIER, A DÉTENTE VARIABLE ET A CONDENSATION, PAR M. FARCOT.

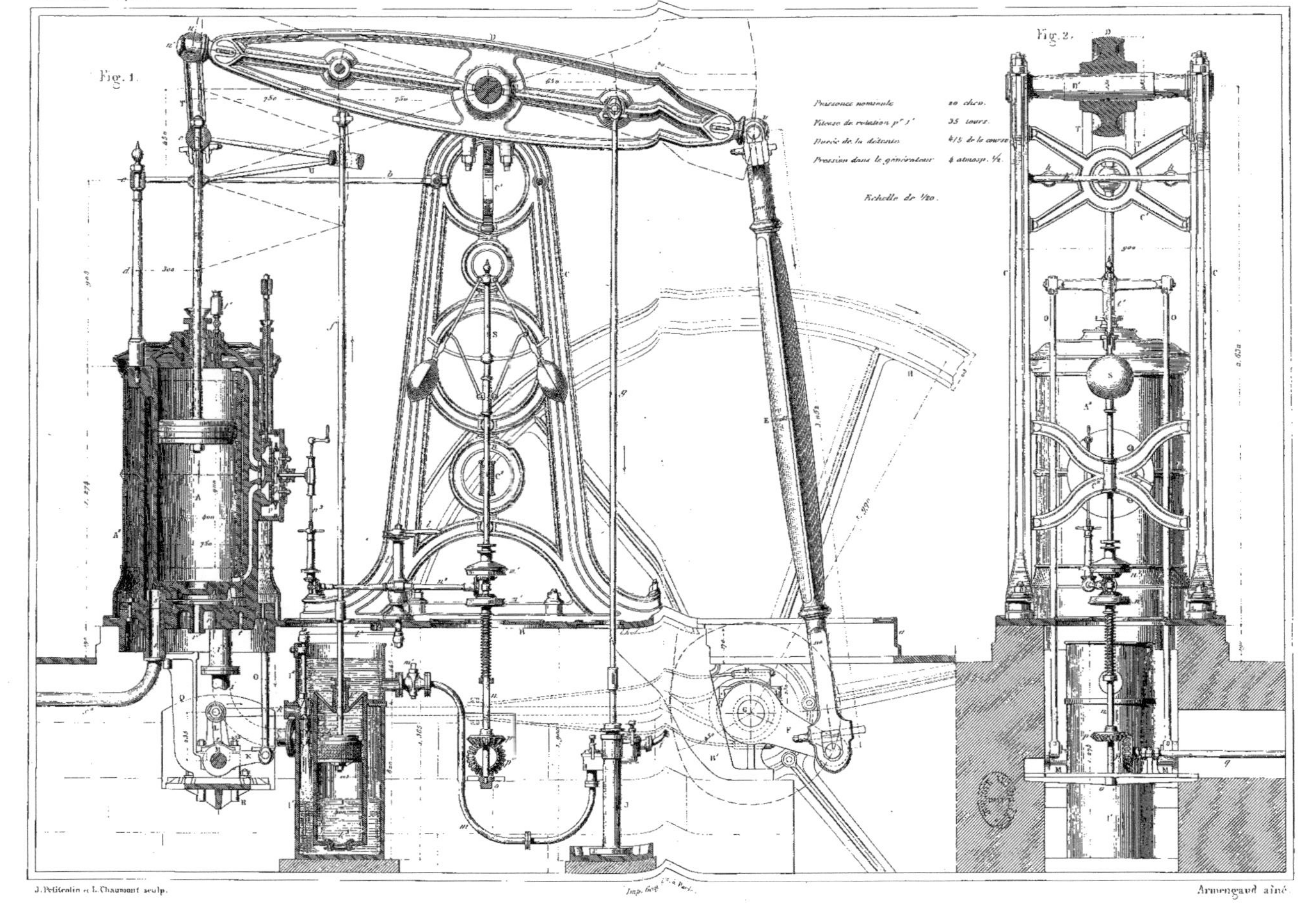

J. Petitcolin et L. Chaumont sculp.

Imp. Geny Gros à Paris.

Armengaud aîné.

MACHINES A DEUX CYLINDRES, A BALANCIER ET ACCOUPLÉES, CONSTRUITES PAR M. T. POWELL.

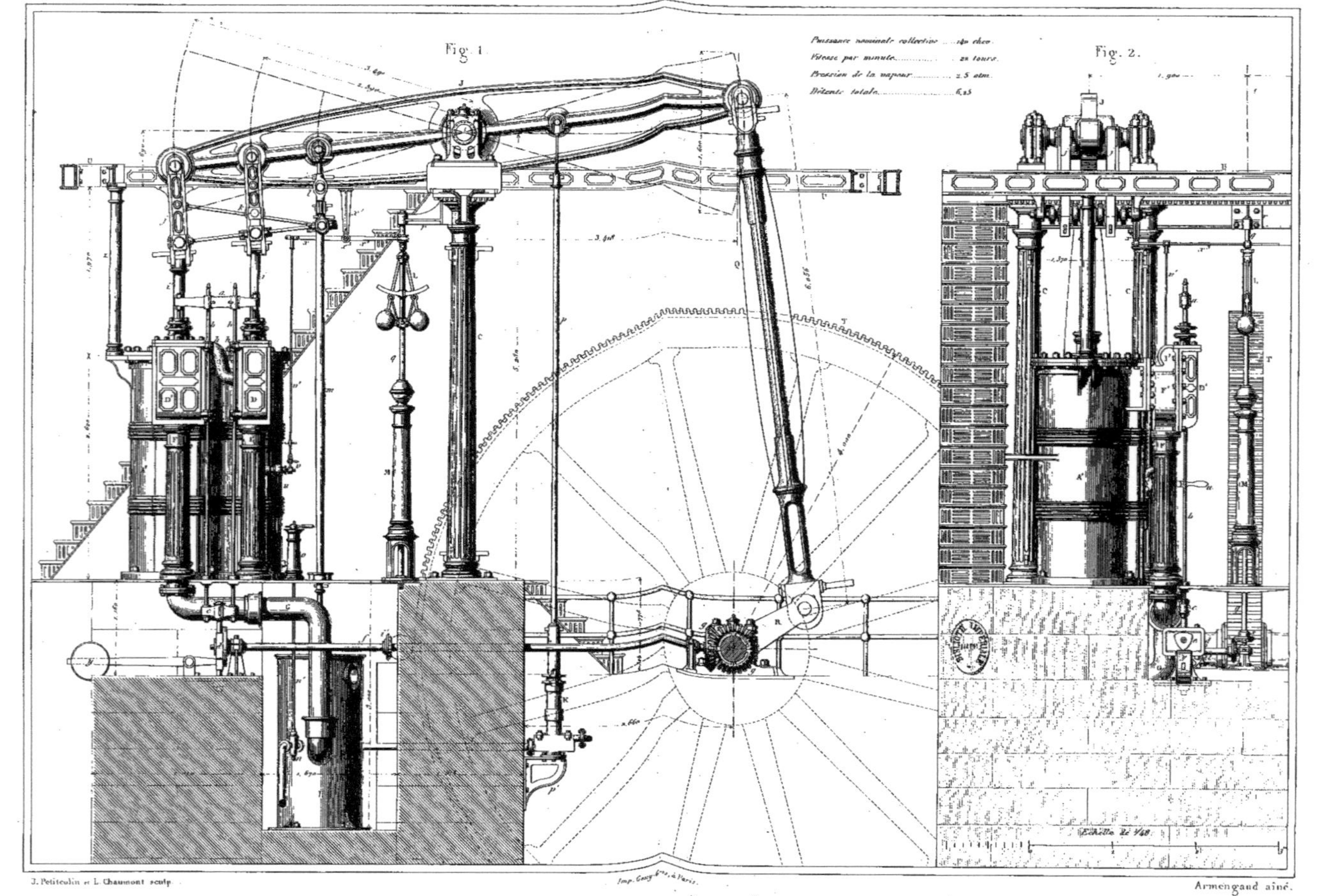

J. Petitcolin et L. Chaumont sculp.

Imp. Geny Gros, à Paris.

Armengaud aîné.

DÉTAILS DE CONSTRUCTION DE MACHINES A DEUX CYLINDRES.

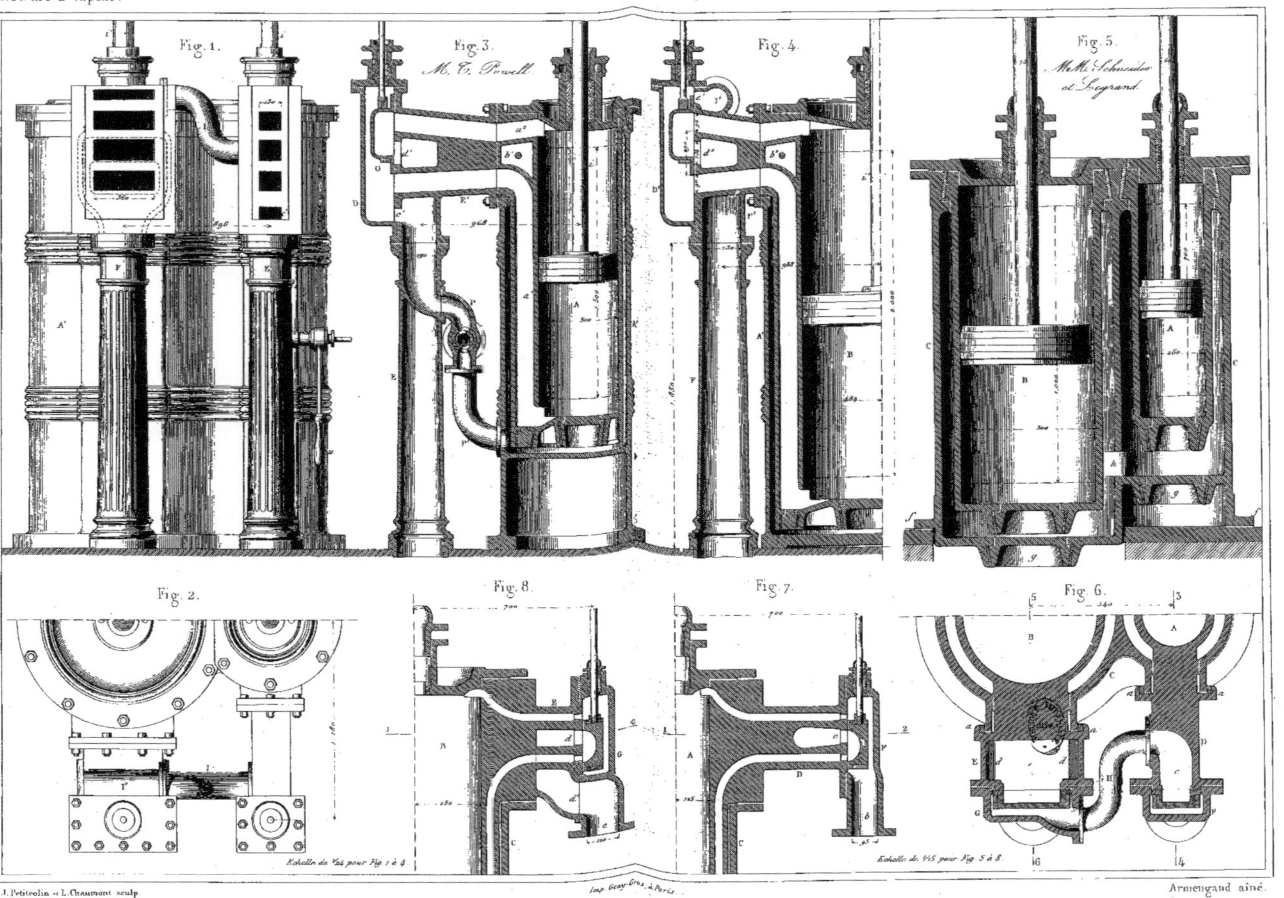

J. Petitcolin et L. Chaumont sculp.

Imp. Geny-Gros, à Paris.

Armengaud aîné.

DÉTAILS DE CONSTRUCTION DE MACHINES A DEUX CYLINDRES.

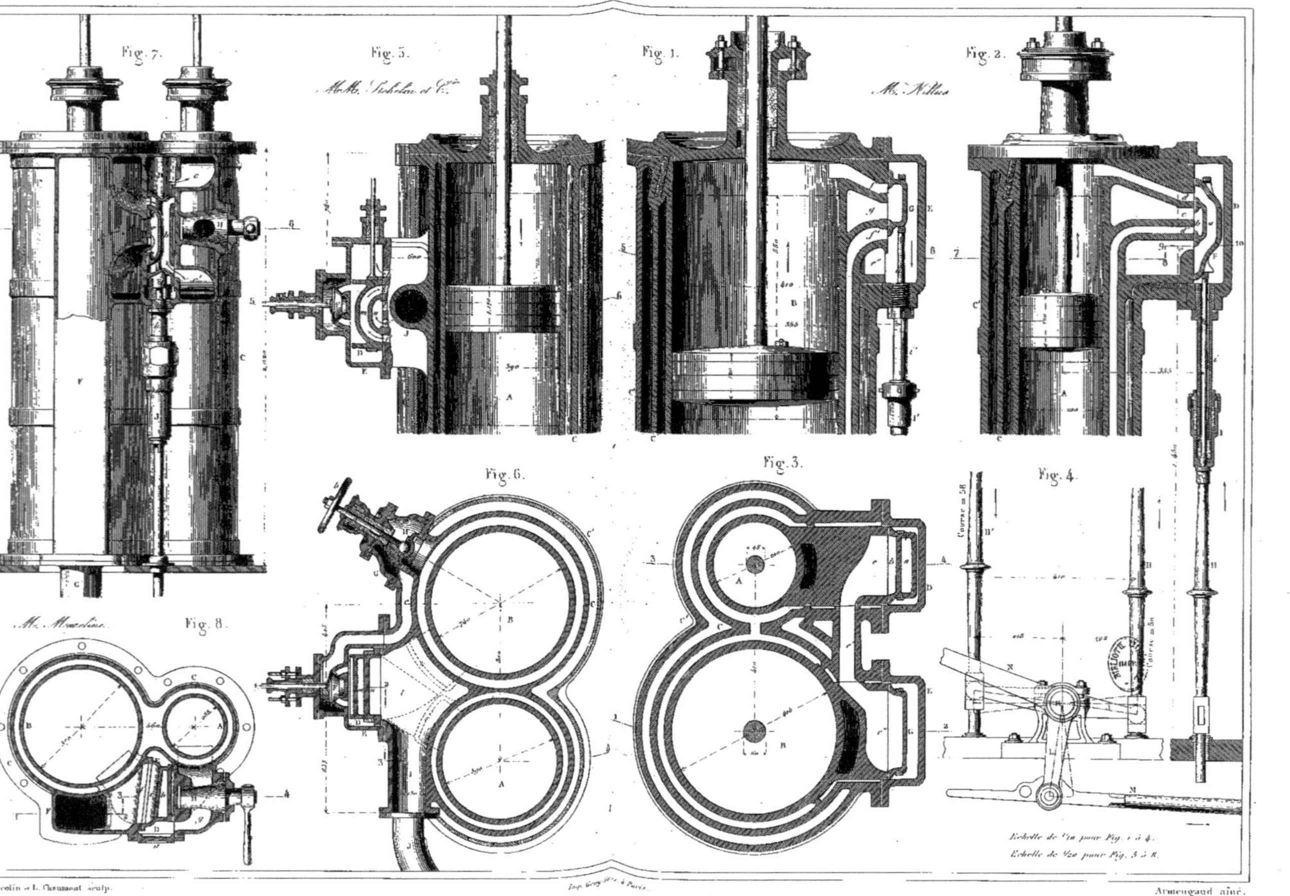

J. Petitcolin et L. Chaumont sculp.

Imp. Geny-Gros à Paris.

Armengaud aîné.

DÉTAILS DE CONSTRUCTION DE MACHINES A DEUX CYLINDRES.

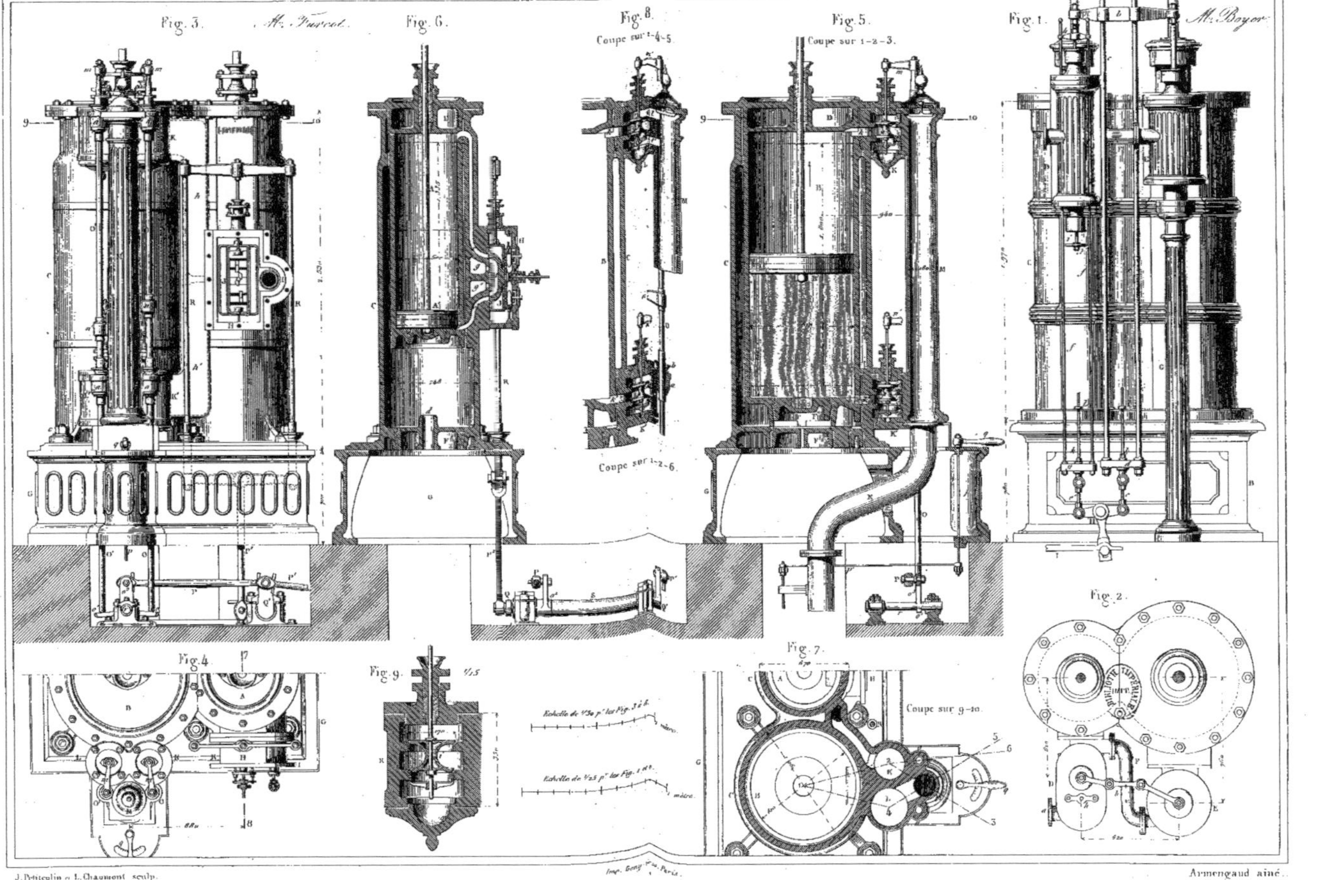

J. Petitcolin et L. Chaumont sculp.

Imp. Geny G.me, Paris.

Armengaud aîné.

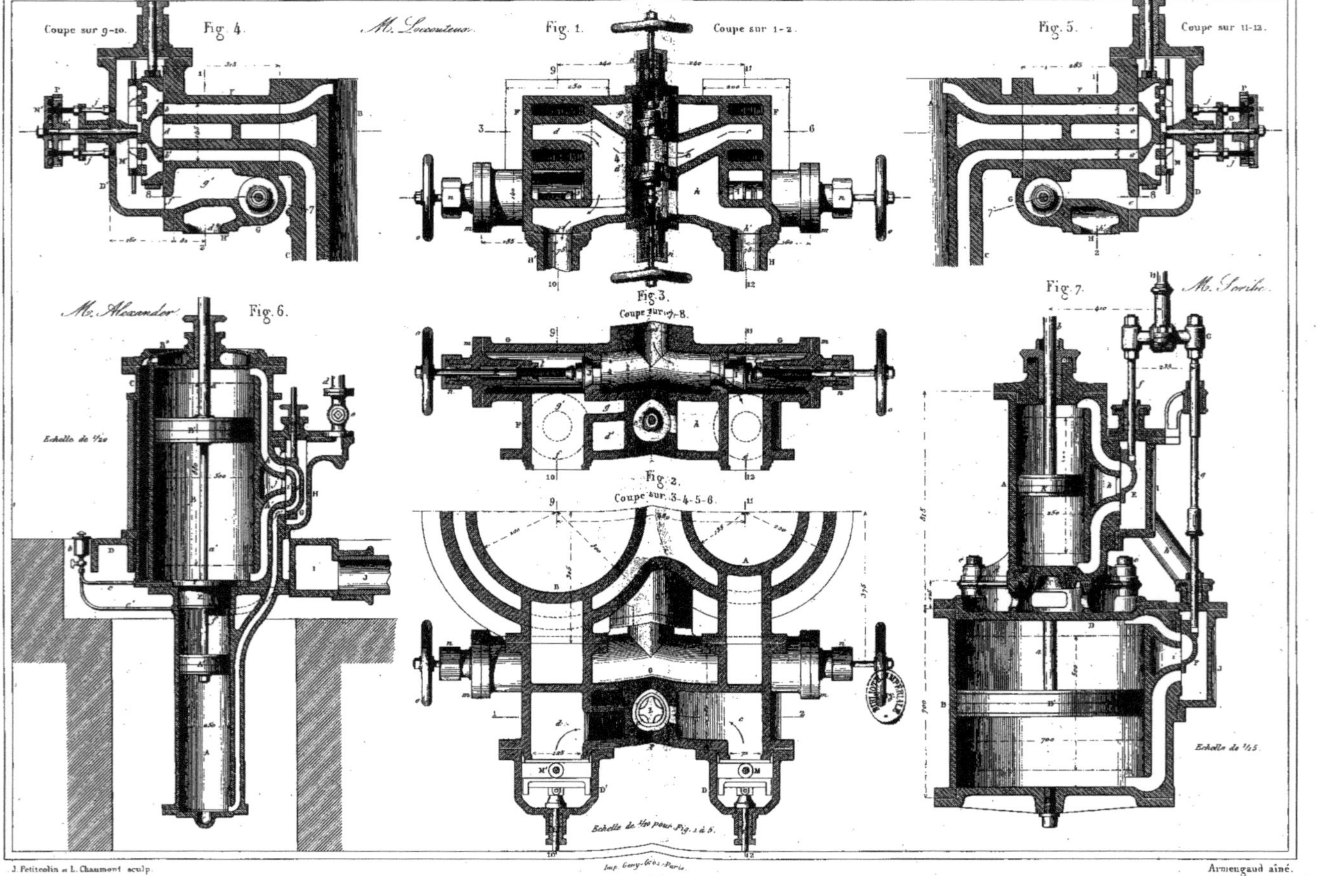

J. Petitcolin et L. Chaumont sculp. Imp. Geny-Gros, Paris. Armengaud aîné.

MACHINE A DEUX CYLINDRES, HORIZONTALE, AVEC PISTONS A MARCHE RENVERSÉE, PAR M.M. BOUDIER F^RES

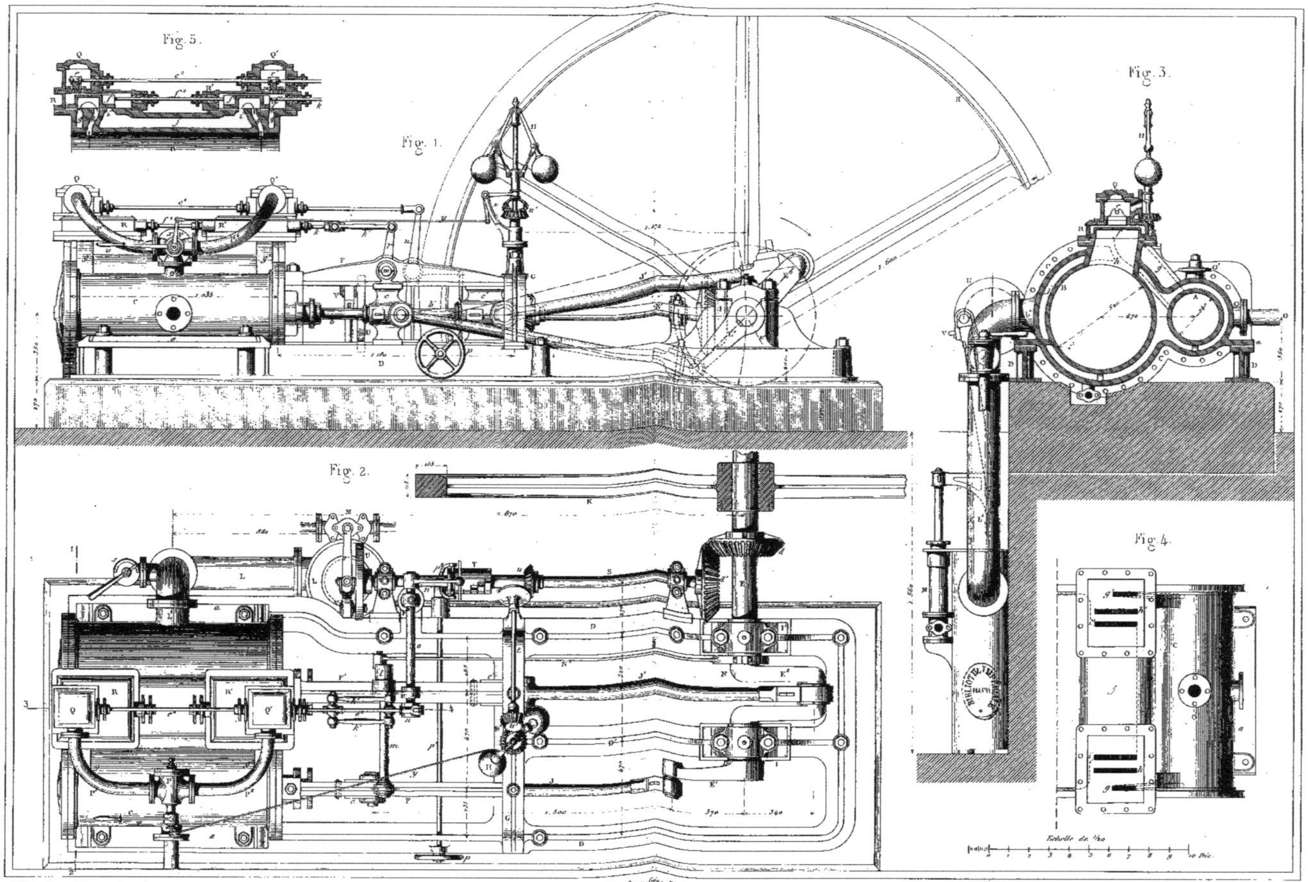
Fig. 5.
Fig. 1.
Fig. 3.
Fig. 2.
Fig. 4.
Echelle de 1/20
10 Déc.

J. Petitcolin et L. Chaumont sculp.

Imp. Geny-Gros, Paris.

Armengaud aîné.

MACHINE A SIMPLE EFFET (SYSTÈME DE CORNWALL) CONSTRUITE PAR M. SCHNEIDER.

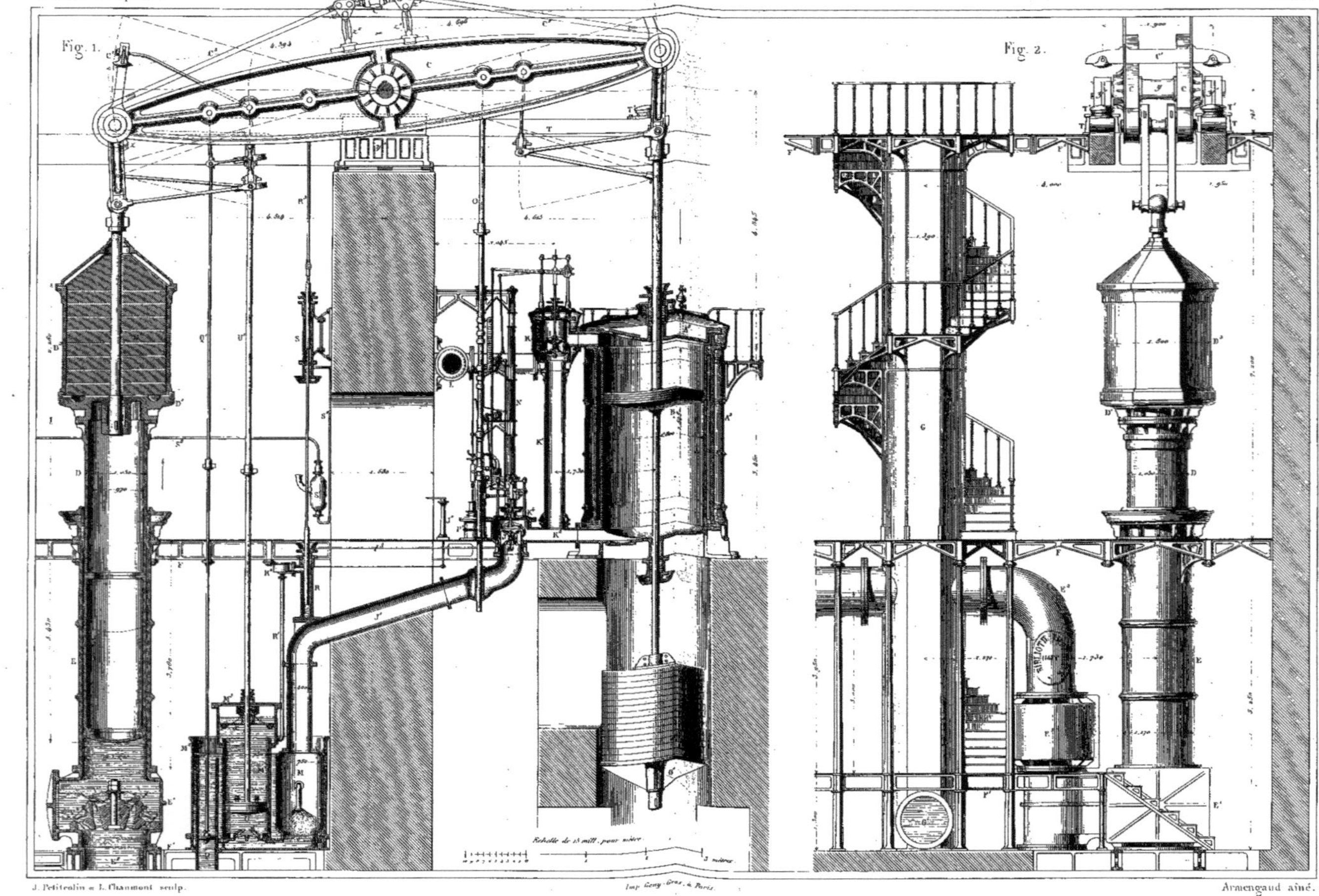

J. Petitcolin & L. Chaumont sculp.

Imp. Geny-Gros, à Paris.

Armengaud aîné.

MACHINE À SIMPLE EFFET (SYSTÈME DE CORNWALL) CONSTRUITE PAR M. SCHNEIDER.

Fig. 4. Fig. 5. Fig. 6. Fig. 7. Fig. 8. Fig. 3.

Éch. de 1/10

Échelle de 1/25 pour Fig. 3 à 7.

J. Petitcolin et L. Chaumont sculp.

Imp. Geny-Gros, à Paris.

Armengaud aîné.

MACHINE LOCOMOBILE, PAR M. ROUFFET.

Fig. 1.

Fig. 2.

Fig. 3.

Fig. 4.

Fig. 5.

Puissance nominale ... 8 chevaux.
Vitesse par minute .... 90 tours.
Durée de la détente ... 3/4 de la course.
Pression de la vapeur .. 6 atmosphères.

Echelle de 1/20.

J. Petitcolin et L. Chaumont sculp.

Geny-Gros imp. à Paris.

Armengaud aîné.

MACHINES LOCOMOBILES, PAR MM. FLAUD ET TUXFORD.

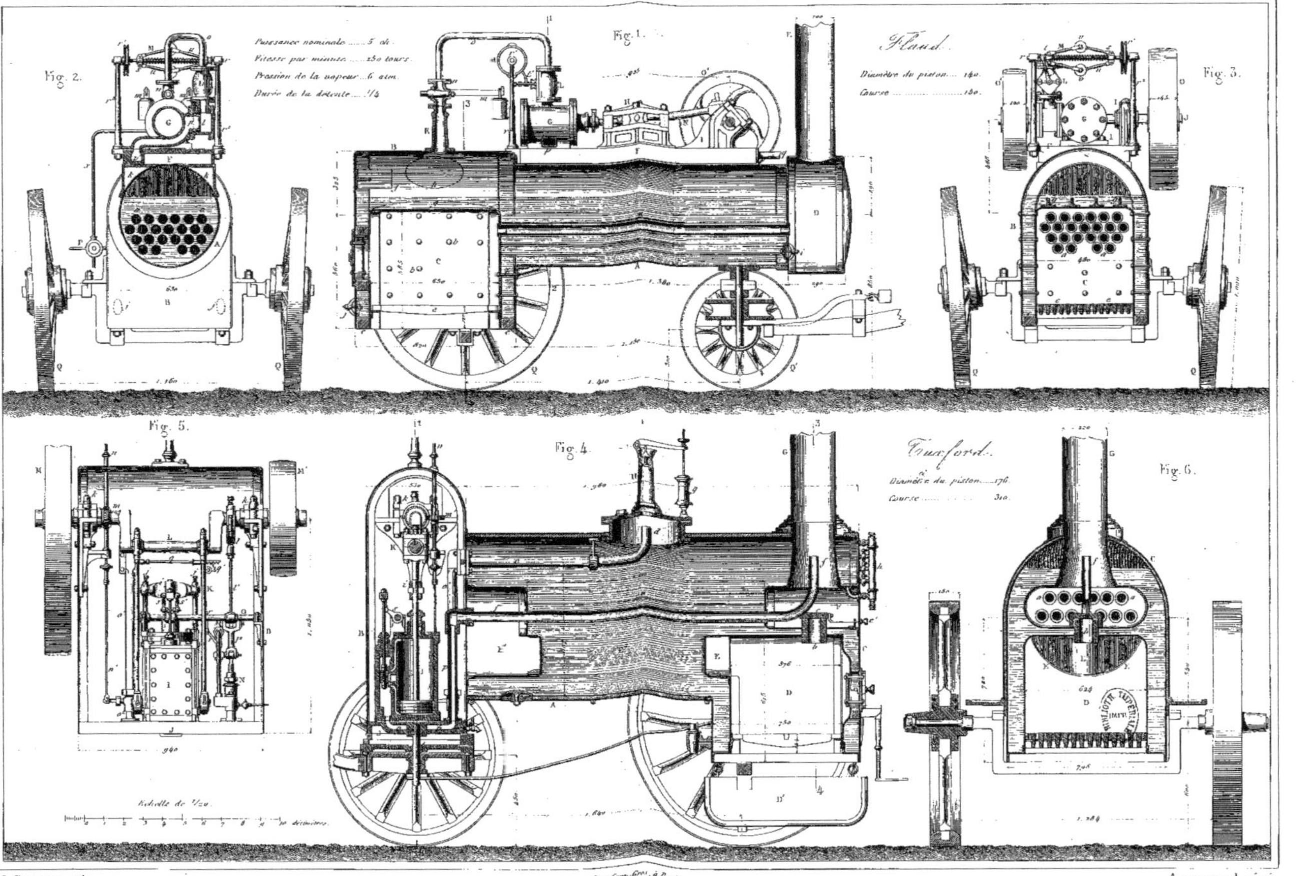

L. Chaumont sculp. Imp. Geny-Gros, à Paris. Armengaud aîné.

MACHINE LOCOMOTIVE-TENDER, PAR M. BUDDICOM.

Fig. 12.

Tracé géométrique du changement de marche.

Diamètre des pistons	0^m420
Course	0. 560
Diamètre des roues motrices	1. 630
Surface de chauffe totale	$93^{m.q.}436$

Fig. 1.

Coupe longitudinale.

Fig. 9.

Echelle de 1/25

L. Chaumont sculp.

Imp. Cony Gros, à Paris.

Armengaud aîné.

MACHINE LOCOMOTIVE-TENDER, PAR M. BUDDICOM.

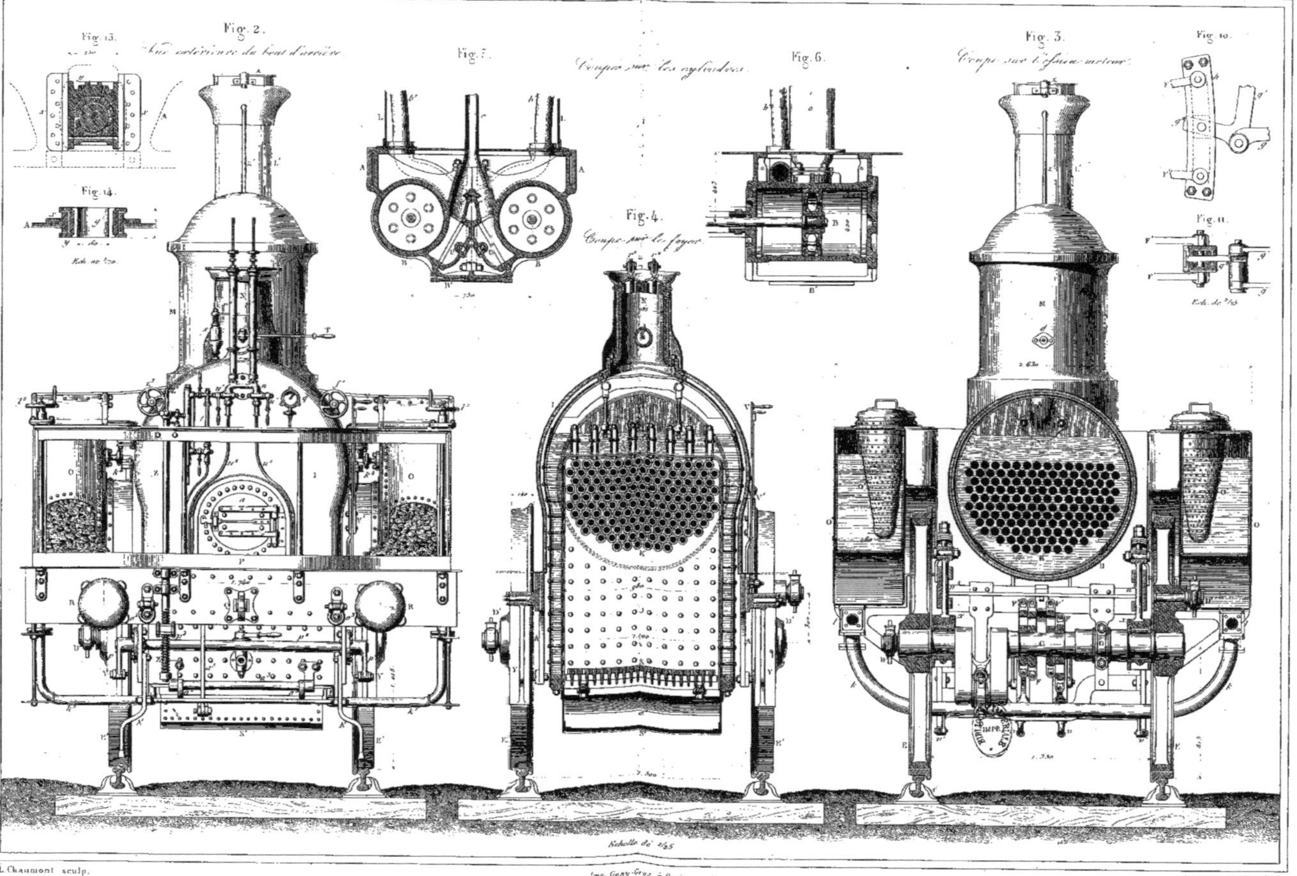

L. Chaumont sculp. | Imp. Geny-Gros, à Paris. | Armengaud aîné.

MACHINE LOCOMOTIVE TENDER, PAR M. BUDDICOM.

Fig. 7.

Coupe sur la caisse à eau

Fig. 8.

Plan du mécanisme.

Echelle de 1/25

L. Chaumont sculp.

Imp. Geny Gros, à Paris.

Armengaud aîné.

LOCOMOTIVE DE MONTAGNE, DE M. ED. BEUGNIOT, CONSTRUITE PAR MM. KOECHLIN ET CIE

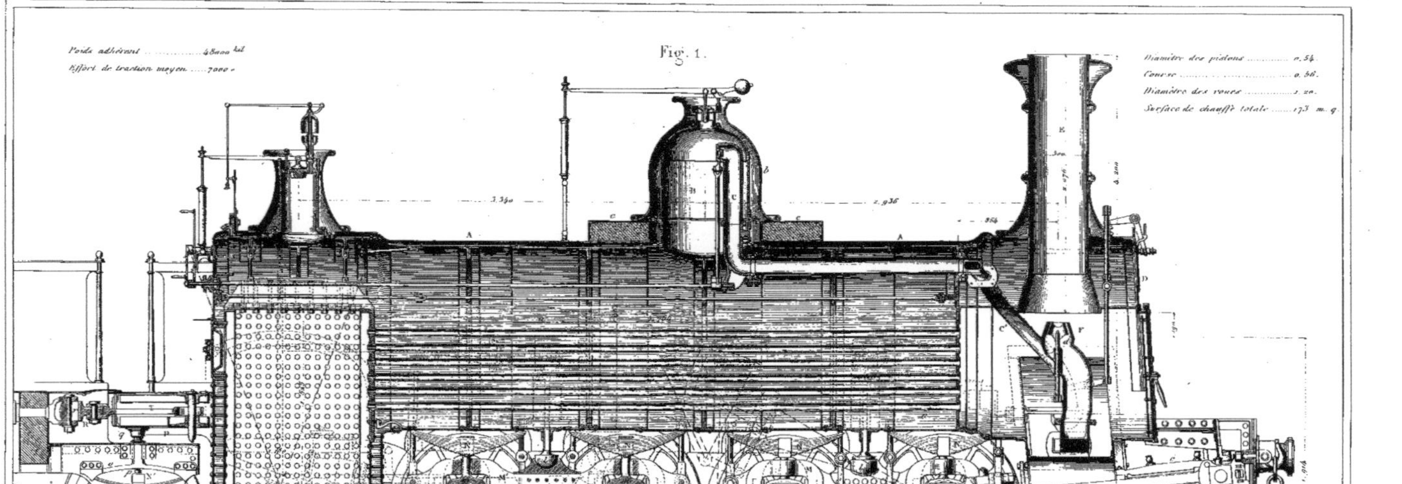

L. Chaumont sculp. Imp. Geny-Gros, à Paris. Armengaud aîné.

APPAREIL DU YACHT IMPÉRIAL L'AIGLE, PAR MM. MAZELINE ET Cie

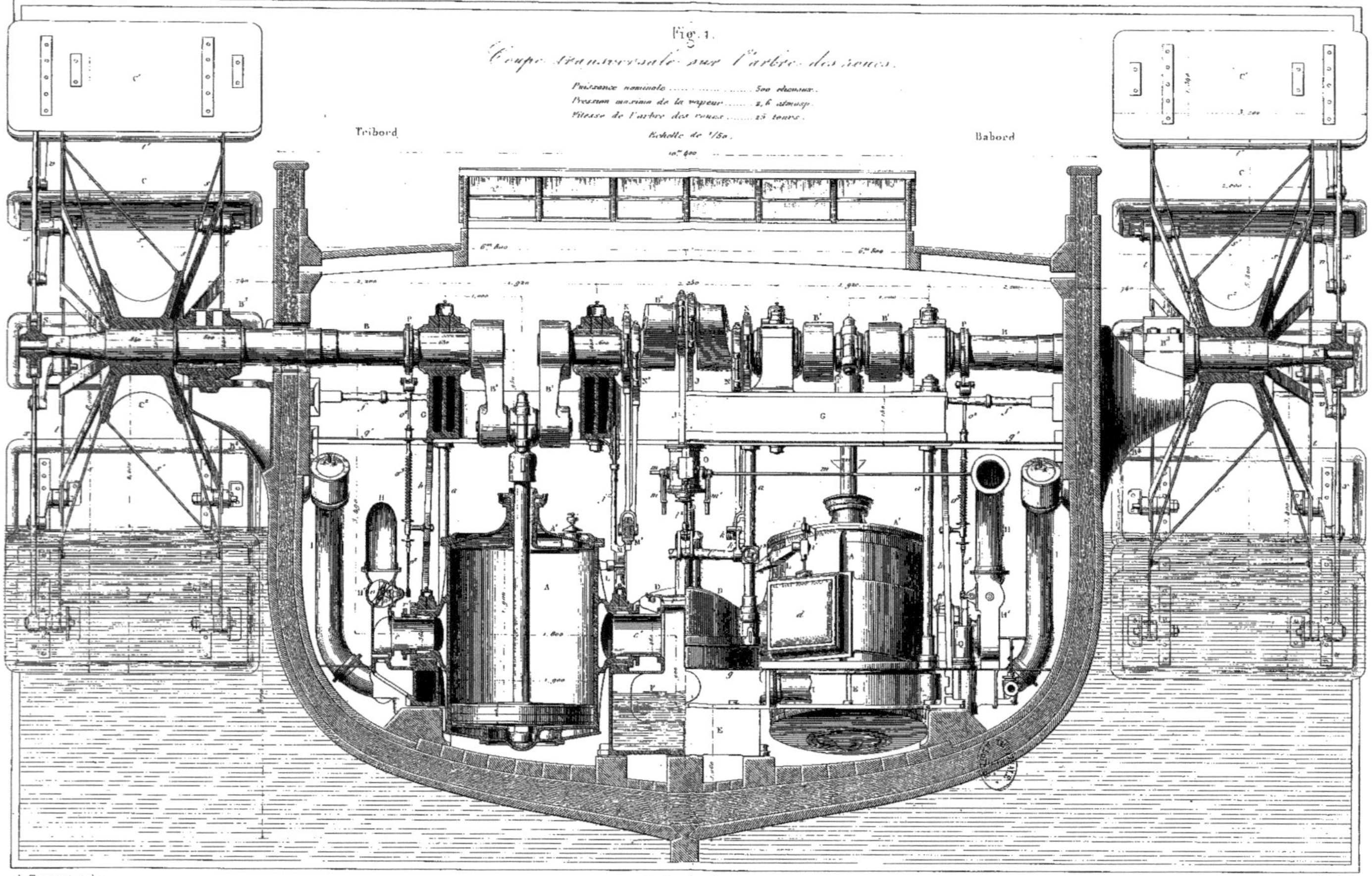

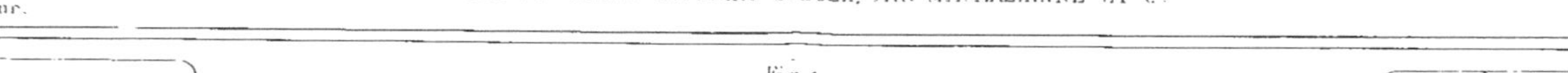

Fig. 1.
Coupe transversale sur l'arbre des roues.
Puissance nominale .... 500 chevaux.
Pression maxima de la vapeur ...... 2,6 atmosp.
Vitesse de l'arbre des roues ...... 25 tours.
Échelle de 1/50.
Tribord
Babord

L. Chaumont sculp.

Geny Gros imp. Paris.

Armengaud aîné.

APPAREIL DU YACHT IMPÉRIAL L'AIGLE, PAR MM MAZELINE ET Cie

Fig. 2. Vue extérieure de côté.

Arrière

Fig. 6. Vue extérieure de la roue de tribord.

Éch. de 1/100.

Fig. 4. Coupe longitudinale sur les pompes à air.

Avant

Fig. 3.

Fig. 7. Éch. de 1/25

Axe du cylindre

Bas de la course.

Marche en avant.

Fig. 5.

Échelle de 1/50 pour Fig. 2 à 5.

0 1 2 3 4 mètres

L. Chaumont sculp.

Geny-Gros imp. Paris.

Armengaud aîné.

APPAREIL A HÉLICE, DE 1000 CHEVAUX, PAR MM. MAZELINE ET Cie

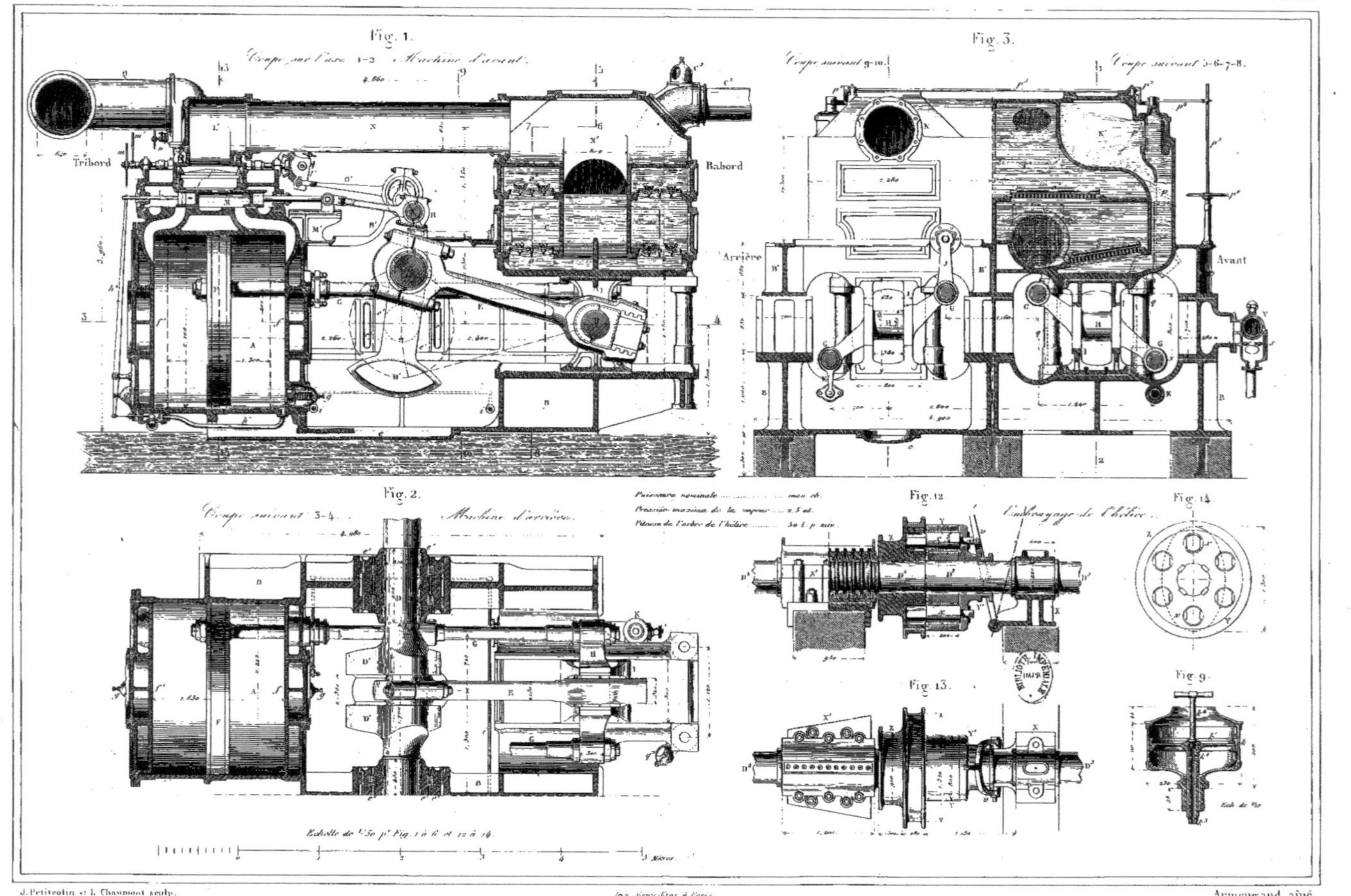

J. Petitcolin et L. Chaumont sculp.

Imp. Geny-Gros, à Paris.

Armengaud aîné.

APPAREIL À HÉLICE, DE 1000 CHEVAUX, PAR MM. MAZELINE ET Cie

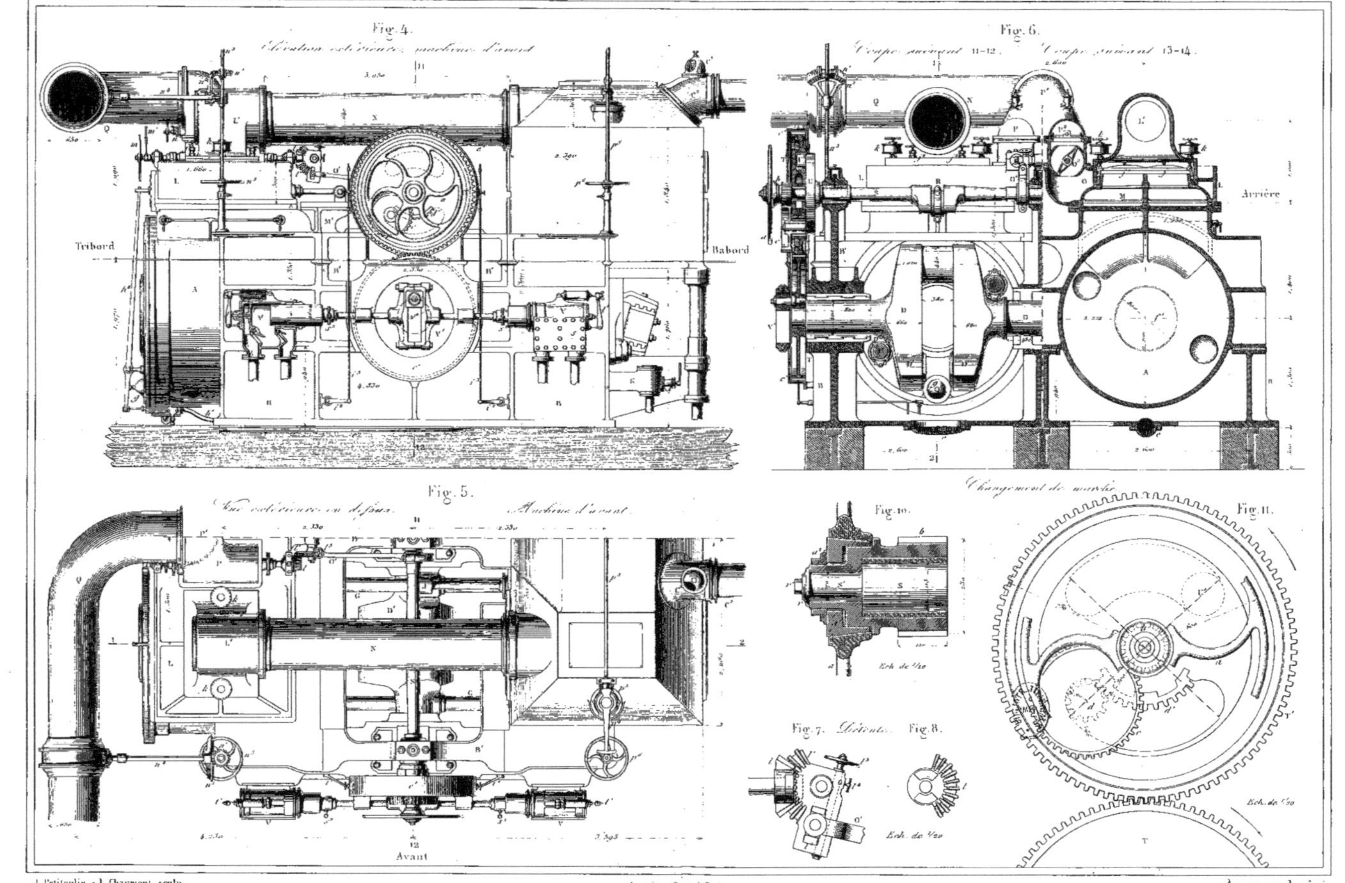

J. Petitcolin & L. Chaumont sculp.
Imp. Geny-Gros, à Paris.
Armengaud aîné.

APPAREIL A HÉLICE DE 30 CHEVAUX, PAR M. NILLUS.

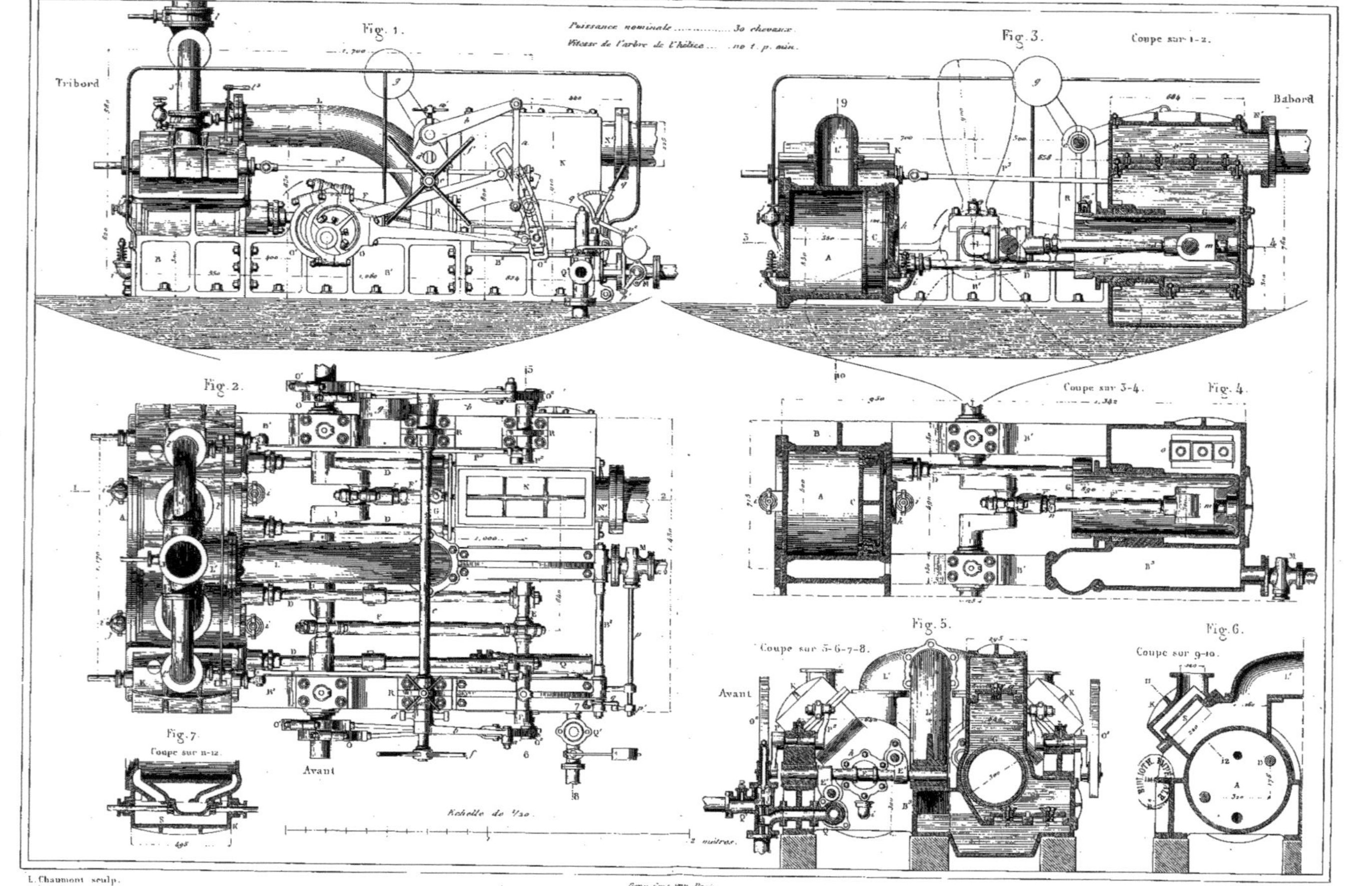

L. Chaumont sculp. Geny Gros imp. Paris. Armengaud aîné.

APPAREIL ÉVAPORATOIRE DE MARINE POUR 900 CHEVAUX NOMINAUX.

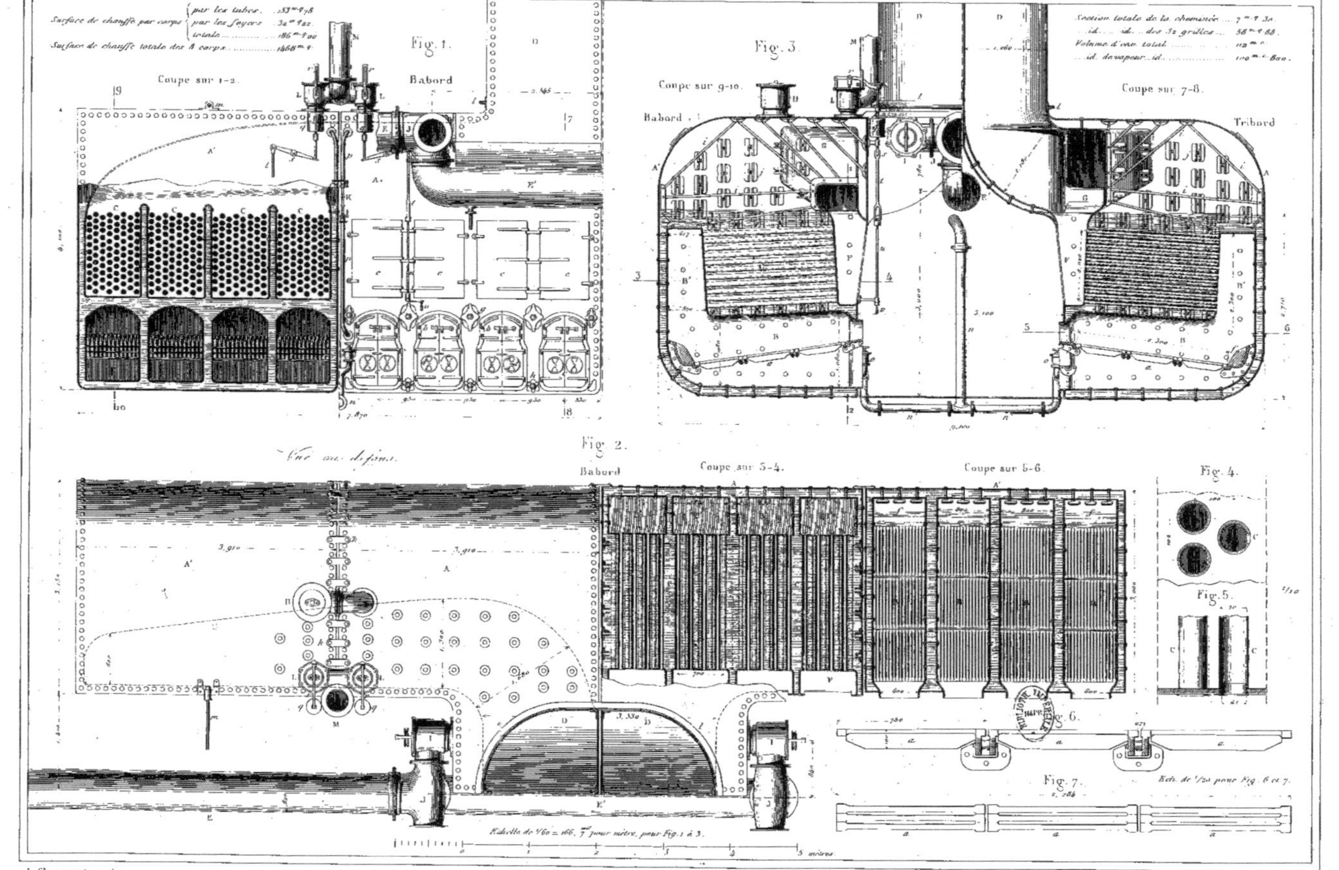

L. Chaumont sculp. Armengaud aîné.

MARTEAU PILON A VAPEUR, PAR M. FARCOT ET SES FILS.

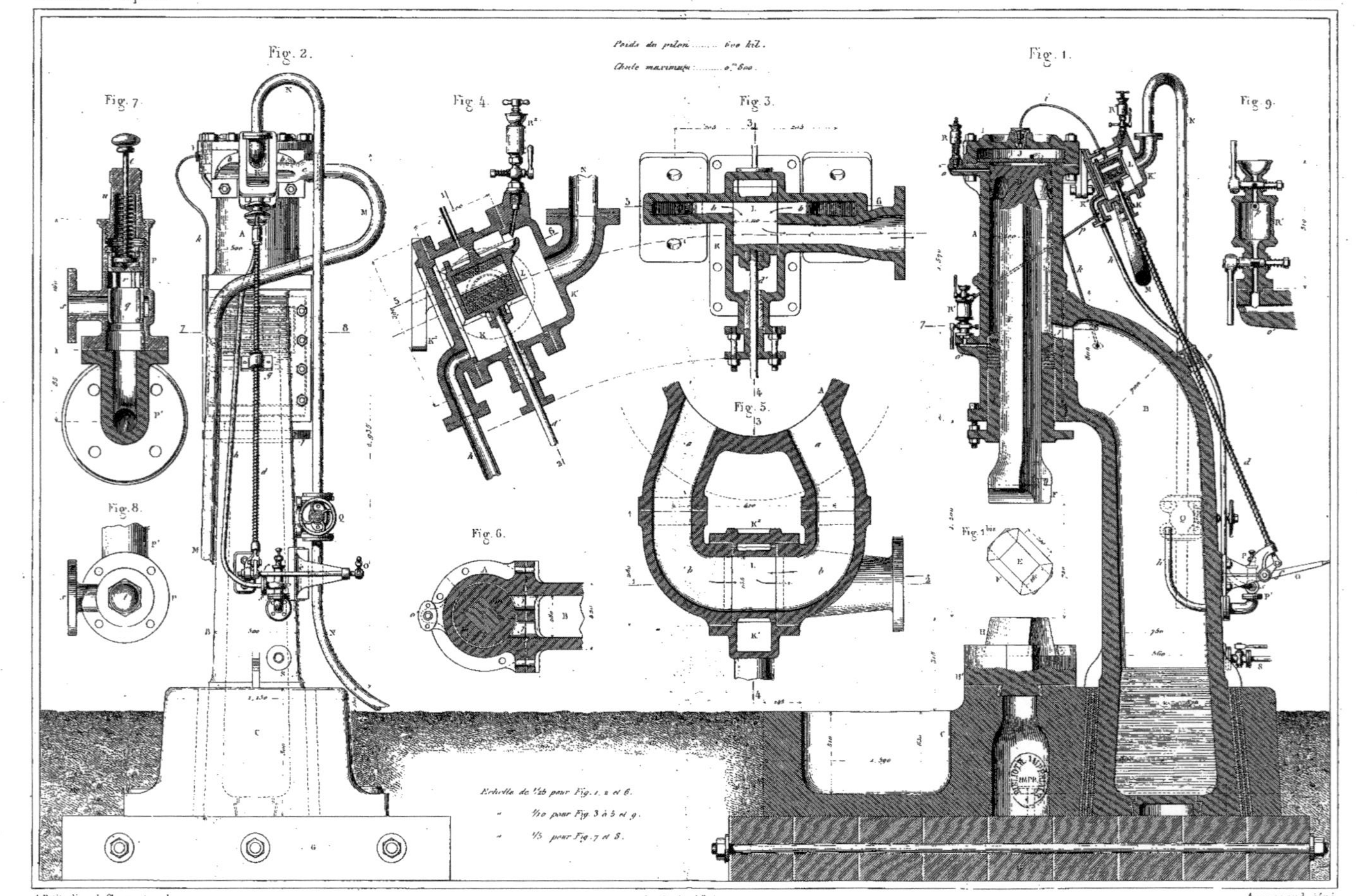

J. Petitcolin et L. Chaumont sculp.

Armengaud ainé.

MACHINE DITE CALORIQUE, DU SYSTÈME DE M. ERICCSON.

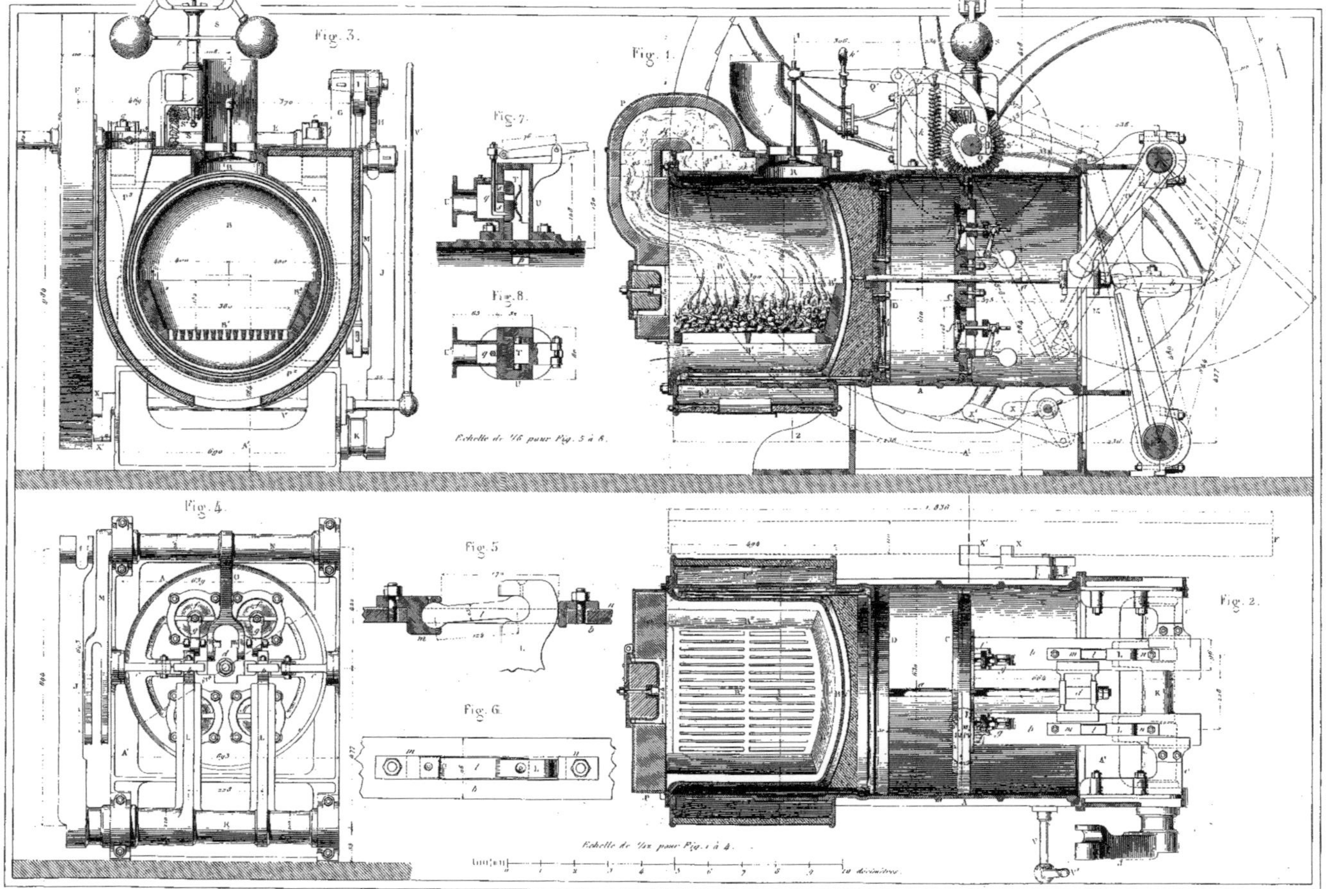

Fig. 3.

Fig. 1.

Fig. 7.

Fig. 8.

Echelle de 1/6 pour Fig. 5 à 8.

Fig. 4.

Fig. 5.

Fig. 6.

Fig. 2.

Echelle de 1/12 pour Fig. 1 à 4.

10 décimètres.

L. Chaumont sculp.

Geny-Gros imp. Paris.

Armengaud aîné.

MOTEUR A AIR DILATÉ PAR LA COMBUSTION DES GAZ, PAR M. LENOIR.

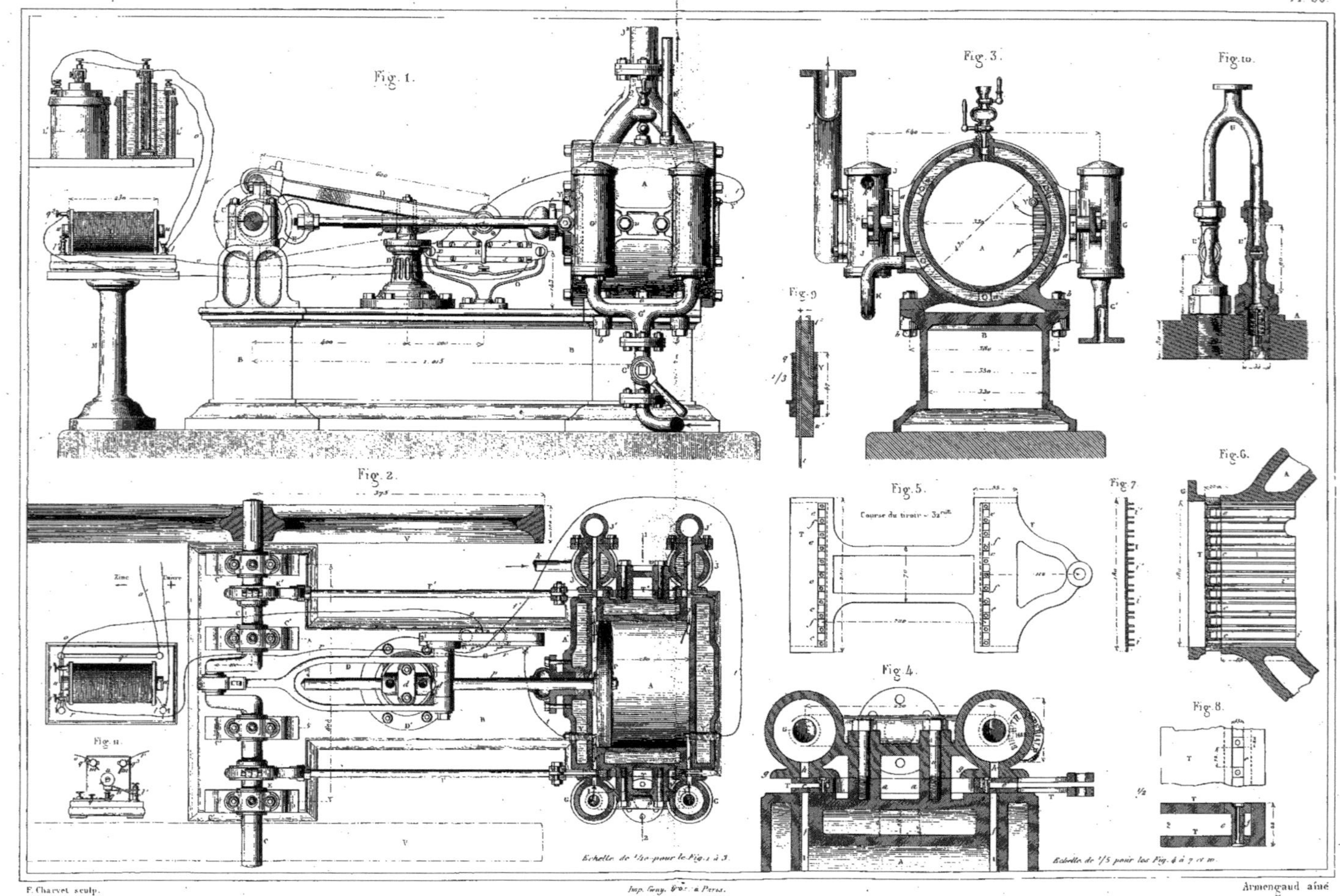

F. Charvet sculp.

Imp. Geny Gros, à Paris.

Armengaud ainé

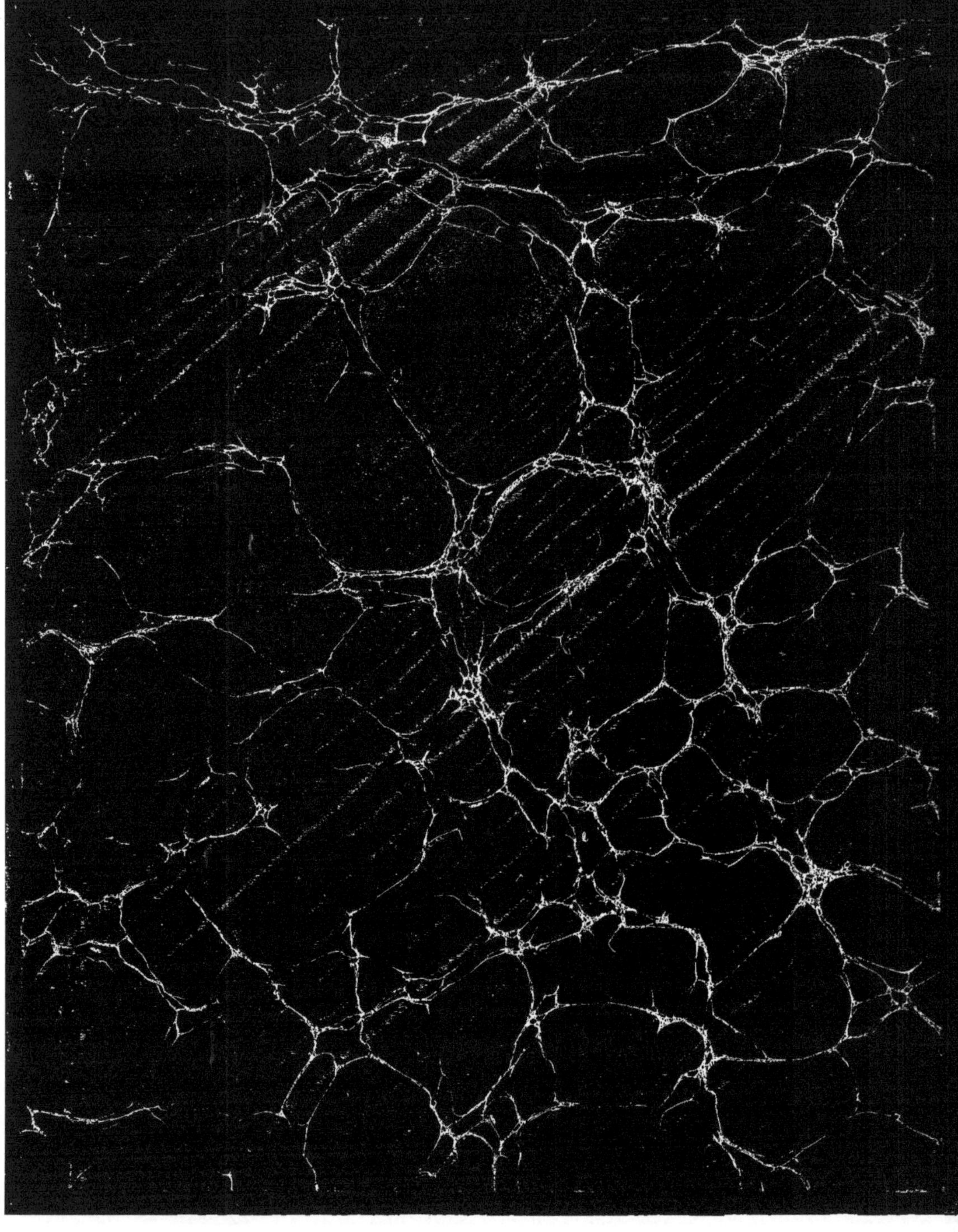

www.ingramcontent.com/pod-product-compliance
Ingram Content Group UK Ltd.
Pitfield, Milton Keynes, MK11 3LW, UK
UKHW021050200726
13857UKWH00003B/874

9 782012 856912